U0214307

风力发电变流器 IGBT 器件应力特性及主动热调控方法

李 辉 赖 伟 姚 然
谭宏涛 向学位 郑 杰 著

科学出版社

北 京

内 容 简 介

风力发电变流器是大功率风电机组电能回馈至电网的关键控制通道，绝缘栅双极型晶体管（IGBT）是其核心。掌握复杂工况下风电变流器 IGBT 器件应力分布特性，以及主动热调控延长其寿命方法，对提高风电主动支撑电网能力以及降低运行成本至关重要。本书总结团队多年来在风电机组并网控制及器件可靠性研究方面所取得的成果，以双馈风电变流器为对象，从器件应力分布特性、失效状态评估和寿命预测、结温波动抑制等方面开展研究，全面阐述风电变流器 IGBT 器件应力特性及主动热调控方法。

本书可作为高校电气工程及其相关专业本科生、研究生和教师的参考书，也可供从事风力发电运行及控制的工程技术人员参考使用。

图书在版编目（CIP）数据

风力发电变流器 IGBT 器件应力特性及主动热调控方法 / 李辉等著.
北京：科学出版社，2025.3. -- ISBN 978-7-03-080645-1

Ⅰ.TM614

中国国家版本馆 CIP 数据核字第 2024G7D314 号

责任编辑：华宗琪　贺江艳 / 责任校对：彭　映
责任印制：罗　科 / 封面设计：义和文创

科 学 出 版 社 出版

北京东黄城根北街16号
邮政编码：100717
http://www.sciencep.com

成都锦瑞印刷有限责任公司 印刷
科学出版社发行　各地新华书店经销

＊

2025 年 3 月第 一 版　开本：B5（720×1000）
2025 年 3 月第一次印刷　印张：11 1/4
字数：227 000

定价：**109.00 元**
（如有印装质量问题，我社负责调换）

前　言

大功率并网风力发电(简称风电)机组及规模化风电场的安全可靠运行对提高新能源发电主动支撑电网能力以及降低风电运行成本具有重要意义。风电变流器作为大功率风电机组电能回馈至电网的关键控制通道,是影响大功率风电机组及入网安全稳定运行的重要环节。风能具有间歇性,风电机组会产生长时间、频繁和大范围的随机出力变化,作为电能转换单元的风电变流器将持续承受剧烈的交变热应力冲击,导致变流器在风电并网运行中的可靠性变得脆弱。由此,大功率风电机组安全可靠地并网,对变流器的运行可靠性提出严峻的挑战。

绝缘栅双极型晶体管(insulated gate bipolar transistor,IGBT)是一种复合全控型电压驱动式功率半导体器件,是风电变流器的核心器件。风电机组的复杂运行工况(如最大风能捕获和电网故障穿越等),使得 IGBT 器件在短时极限冲击和长期低频交变热应力作用下老化失效的问题凸显。另外,风电变流器 IGBT 器件一旦出现疲劳老化失效,其内部应力分布特性也会受到影响,进而影响其失效状态。因此,亟待全面掌握风电机组在复杂运行工况下风电变流器 IGBT 器件的应力分布特性,准确评估风电变流器 IGBT 器件状态、预测剩余寿命,以及研究主动热调控延长寿命方法。

本书在前人研究成果的基础上,总结作者团队多年来在风电变流器 IGBT 器件可靠性研究方面所取得的研究成果。全书围绕风电机组复杂运行工况下风电变流器 IGBT 器件复合应力耦合作用机制的科学问题,以双馈风电变流器 IGBT 器件热应力分析及调控为基础进行研究。首先,从多芯片热源耦合和封装杂散电感影响角度研究风电变流器复杂工况下器件应力分布特性;其次,研究 IGBT 器件焊层失效和键合线断裂等失效状态监测与评估方法,并基于多尺度应力作用研究风电变流器 IGBT 器件寿命预测;最后,从 IGBT 器件结温波动抑制角度,研究组合调制策略、同步转速附近轨迹优化,以及兼顾热应力调控的风电场无功-电压控制策略。本书研究成果可提升风电机组复杂工况下变流器 IGBT 器件可靠性,能有效降低风电变流器发生故障的潜在风险,对及时制定相应的维护计划、避免事故的发生和扩大、提升风电变流器运行可靠性、保障大功率风电机组并网,以及友好和主动支撑电网具有重要意义。

本书对大功率风电变流器 IGBT 器件应力特性、疲劳失效寿命预测以及主动热调控等关键技术进行阐述,主要内容共 8 章,包括绪论、风电变流器 IGBT 器件多芯片热源耦合建模及应力分析、杂散电感影响动态均流及应力分析、疲劳老化失效状态监测与评估、多尺度应力影响寿命预测、组合调制下的结温抑制策略、转速优化下的结温波动抑制策略、兼顾器件热应力调控的风电场电压控制策略等。全书较为系统地论述了风电变流器功率器件应力特性及主动热调控方法等，既有仿真分析，又有实验测试。全书内容可为风电变流器的器件设计优化提供理论基础，同时也为风电变流器热管理与调控技术提供技术支撑，进一步为大功率风电机组及变流器安全可靠运行奠定基础。

与本书内容相关的研究工作得到国家自然科学基金面上项目、工业和信息化部船舶重点项目等资助，也得到中船海装风电有限公司、重庆科凯前卫风电设备有限责任公司等支持，在此一并表示感谢。

本书所介绍的风电变流器 IGBT 器件各种建模与仿真以及实验测试都是由本课题组的研究人员完成的。在此，感谢所有参加本书研究工作的研究生，包括刘盛权、白鹏飞、李洋、胡玉、胡姚刚、李青和、周芷汀、张博、张浩等，感谢他们为本书研究以及专著撰写付出的辛勤劳动。

最后，感谢输变电装备技术全国重点实验室、重庆大学电气工程学院对本书出版的大力支持。

本书注重突出问题的物理本质和解决问题的方法，并尽量做到深入浅出，以便读者在此研究基础上能有进一步的发展。在内容编排上，本书注重风电变流器功率器件热应力建模与主动热应力调控内容体系的安排，并力求文字叙述准确，概念清楚。

由于作者水平有限，不足之处在所难免，恳请读者批评和指正。

李　辉
2025 年 1 月

目　　录

第1章　绪论 ……………………………………………………………………………… 1

1.1　风力发电发展概况 ……………………………………………………………… 1

1.2　风电变流器发展及面临挑战 …………………………………………………… 2

1.3　IGBT 器件应力特性及热管理研究现状 ……………………………………… 4

　　1.3.1　IGBT 应力分析研究现状 ……………………………………………… 4

　　1.3.2　风电变流器功率器件封装失效状态监测与评估现状 ……………… 7

　　1.3.3　风电变流器功率器件热疲劳寿命预测现状 ………………………… 9

　　1.3.4　风电变流器 IGBT 器件热调控方法研究现状 …………………… 10

第2章　双馈风电变流器 IGBT 器件多芯片热源耦合建模及应力特性分析 … 13

2.1　风电变流器 IGBT 器件有限元建模及热耦合分析 ………………………… 13

　　2.1.1　风电变流器 IGBT 器件结构 ………………………………………… 13

　　2.1.2　风电变流器 IGBT 器件有限元建模 ………………………………… 14

　　2.1.3　风电变流器 IGBT 器件热耦合分析 ………………………………… 17

2.2　考虑多芯片热源耦合的改进热网络模型及结温计算 ……………………… 18

　　2.2.1　IGBT 器件常规热网络模型 …………………………………………… 18

　　2.2.2　考虑多芯片热源耦合的改进热网络模型 …………………………… 19

　　2.2.3　耦合热阻抗参数提取及特性分析 …………………………………… 20

　　2.2.4　多芯片热源耦合的改进热网络模型验证 …………………………… 22

2.3　双馈风电机组建模及运行特性 ……………………………………………… 23

　　2.3.1　双馈风电机组的工作原理 …………………………………………… 23

　　2.3.2　风力机控制特性 ……………………………………………………… 24

　　2.3.3　双馈风电机组运行特性分析 ………………………………………… 25

2.4　双馈风电变流器 IGBT 器件应力计算与特性分析 ………………………… 27

　　2.4.1　机侧及网侧变流器 IGBT 器件的损耗计算方法 ………………… 27

　　2.4.2　双馈风电变流器 IGBT 器件改进结温计算模型 ………………… 29

　　2.4.3　机侧及网侧变流器 IGBT 器件结温及热耦合分析 ……………… 29

　　2.4.4　不同运行工况下双馈变流器 IGBT 器件的损耗及耦合结温分析 … 31

　　2.4.5　实际风电机组变流器壳温验证 ……………………………………… 32

2.5　本章小结 ………………………………………………………………………… 33

第3章　双馈风电变流器 IGBT 器件动态均流及应力特性分析 ……………… 34

3.1 风电变流器 IGBT 功率器件封装结构及其工作原理 ·················· 34
  3.1.1 风电变流器 IGBT 功率器件封装结构 ······················· 34
  3.1.2 IGBT 工作原理 ··· 35
3.2 封装杂散电感对 IGBT 动态特性的影响 ······················· 36
  3.2.1 考虑封装杂散参数的 IGBT 功率器件模型 ·················· 36
  3.2.2 IGBT 功率器件动态特性 ··································· 36
  3.2.3 封装杂散电感对器件内各芯片并联均流的影响 ············· 39
3.3 计及杂散电感的功率器件等效电路建模及验证 ················· 41
  3.3.1 功率器件有限元建模及杂散参数提取 ····················· 41
  3.3.2 等效电路建模及仿真 ······································· 43
  3.3.3 芯片间不均流特性实验验证 ································· 45
3.4 计及动态电流分布的影响 ···································· 47
  3.4.1 损耗计算原理 ··· 47
  3.4.2 考虑并联芯片间动态电流分布的开关损耗计算方法 ········· 48
  3.4.3 实验验证 ··· 50
3.5 双馈风电变流器 IGBT 器件动态应力分析 ····················· 52
  3.5.1 多芯片耦合热网络模型 ····································· 52
  3.5.2 考虑杂散参数影响的双馈风电变流器 IGBT 器件动态结温分析 ······ 54
  3.5.3 双馈风电变流器 IGBT 器件应力实验测试 ··················· 57
3.6 本章小结 ··· 59
第 4 章 风电变流器 IGBT 器件疲劳老化失效状态监测与评估 ············· 61
4.1 基板焊层脱落下 IGBT 器件热分析 ··························· 61
4.2 基于壳温差的 IGBT 器件基板焊层状态评估方法 ··············· 65
  4.2.1 IGBT 器件基板焊层状态评估模型 ··························· 65
  4.2.2 IGBT 器件基板焊层状态评估步骤 ··························· 66
4.3 IGBT 器件基板焊层脱落状态监测与评估 ····················· 67
  4.3.1 基板焊层脱落模拟实验平台简介 ··························· 67
  4.3.2 有限元模型有效性验证 ····································· 68
  4.3.3 基板焊层状态评估方法有效性验证 ························· 70
4.4 风电变流器 IGBT 器件键合线失效下电热特性仿真分析 ········· 73
  4.4.1 IGBT 器件键合线失效分析 ································· 73
  4.4.2 键合线无脱落时 IGBT 器件电热特性分析 ··················· 73
  4.4.3 键合线脱落时 IGBT 器件电热特性分析 ····················· 75
  4.4.4 SVPWM 控制下 IGBT 器件导通电压 ························· 80
4.5 风电变流器 IGBT 器件可用芯片数目评估方法 ················· 81
  4.5.1 IGBT 器件可用芯片数目评估模型 ··························· 81

  4.5.2　IGBT 器件可用芯片数目评估流程 ·············· 82
4.6　IGBT 器件键合线失效下可用芯片数目评估实验分析 ·········· 83
　　4.6.1　IGBT 器件输出特性 ····························· 83
　　4.6.2　键合线失效下可用芯片数目评估实验平台 ·········· 84
　　4.6.3　IGBT 器件可用芯片数目计算的有效性验证 ········· 85
4.7　本章小结 ····································· 88
第5章　基于多尺度应力累积的风电变流器 IGBT 器件寿命预测 ·········· 89
5.1　寿命预测模型 ·································· 90
　　5.1.1　科芬-曼森模型 ······························ 90
　　5.1.2　线性疲劳累积损伤模型 ······················· 90
　　5.1.3　非线性疲劳累积损伤模型 ······················ 91
　　5.1.4　分段式非线性疲劳累积损伤模型 ·················· 91
5.2　雨流计数法 ·································· 92
5.3　计及小热载荷的 IGBT 器件寿命预测分析 ············· 94
　　5.3.1　随机载荷算例分析 ·························· 94
　　5.3.2　基于实际风速载荷变流器算例分析 ··············· 100
5.4　计及电网电压故障穿越累积效应的 IGBT 器件寿命评估 ········ 107
　　5.4.1　风电变流器 IGBT 功率器件多时间尺度划分 ········· 107
　　5.4.2　计及电网故障穿越累积效应的功率器件多时间尺度寿命评估模型 ··· 108
　　5.4.3　计及电网电压故障穿越累积效应的双馈风电变流器 IGBT 功率器件寿
　　　　　命评估 ······························· 113
5.5　本章小结 ···································· 119
第6章　基于组合调制策略的双馈风电变流器 IGBT 器件结温抑制策略 ······· 121
6.1　基于 DSVPWM 策略的变流器结温抑制原理 ············ 121
　　6.1.1　不同 DSVPWM 策略 ························ 121
　　6.1.2　基于 DSVPWM 策略的变流器结温抑制思路 ········· 122
　　6.1.3　不同调制策略下的结温实验比较 ················ 122
6.2　组合分段 DSVPWM 策略对变流器结温及调制性能的影响 ······ 124
　　6.2.1　机侧变流器负载功率因数角分析 ················ 124
　　6.2.2　基于组合分段 DSVPWM 调制策略的机侧变流器 IGBT 结温抑制··· 127
　　6.2.3　机组有功出力变化下组合分段 DSVPWM 策略的结温抑制效果 ··· 128
　　6.2.4　机组无功出力变化下组合分段 DSVPWM 策略的结温抑制效果 ··· 130
6.3　不同空间矢量调制策略的谐波性能比较 ·············· 132
6.4　本章小结 ···································· 133
第7章　基于转速优化的双馈风电机侧变流器 IGBT 器件结温波动抑制策略 ·· 135
7.1　双馈风电机侧变流器同步转速附近结温抑制策略 ·········· 135

  7.1.1 机侧变流器 IGBT 器件结温波动抑制原理 ················· 135

  7.1.2 机侧变流器 IGBT 器件结温波动抑制流程 ················· 136

 7.2 机侧变流器 IGBT 器件结温波动抑制效果比较 ··············· 138

  7.2.1 同步转速附近区域动态结温仿真 ···················· 138

  7.2.2 全风速范围下稳态结温波动分析 ···················· 140

  7.2.3 等效实验分析 ····························· 141

 7.3 不同控制策略下的机组效率分析 ····················· 142

  7.3.1 稳态风速下定子出力分析 ······················· 142

  7.3.2 改进控制策略下的机组效率分析 ···················· 143

 7.4 本章小结 ······························· 145

第 8 章 兼顾变流器 IGBT 器件热应力调控的风电场分布式无功-电压协调控

   制策略 ······························· 146

 8.1 基于电压灵敏度与 K-均值聚类的风电场分群 ··············· 146

 8.2 海上风电场无功-电压协调控制模型 ··················· 149

  8.2.1 无功控制对系统关键参量的影响分析 ·················· 149

  8.2.2 考虑多参量的无功-电压协调控制模型 ················· 150

 8.3 基于多智能体 DDPG 的无功-电压协调控制模型映射 ··········· 151

  8.3.1 多智能体马尔可夫决策过程 ······················ 151

  8.3.2 多智能体深度确定性策略梯度算法 ·················· 152

 8.4 算例分析 ······························· 154

  8.4.1 无功-电压协调控制策略模型训练结果 ················· 154

  8.4.2 无功-电压协调控制策略效果分析 ··················· 155

 8.5 本章小结 ······························· 160

参考文献 ·································· 162

附录 ··································· 168

 附录 A 三相变流器参数 ························· 168

 附录 B 2MW 双馈风电机组的主要仿真参数 ··············· 169

 附录 C 风电变流器 IGBT 器件主要参数 ··············· 169

第1章 绪　论

1.1　风力发电发展概况

风能是一种储量丰富而且安全清洁的新能源，围绕"绿色低碳转型"理念，我国正大力推动风能等新能源的高质量发展，大规模开发利用风电已成为我国构建新型电力系统、优化能源结构及实现"碳达峰、碳中和"目标的重要举措。国家发展改革委发布的数据显示，风电装机容量预计于 2050 年达到 24 亿 kW，届时新能源发电量占比将达到五成以上，新能源将从补充性能源演变为替代性能源[1]。与陆上风电相比，海上风电具有资源条件稳定、就近消纳、风电效率高等优势。我国拥有约 1.8 万公里的海岸线，可开发利用的海上风能达到了 5 亿～7.5 亿 kW，远高于陆上风能的 2.53 亿 kW。其中，近海风能开发潜力约为 2 亿 kW，远海风能开发潜力约为 5 亿 kW。中国可再生能源学会数据显示，2022 年中国海上风电新增装机容量 515.7 万 kW，约占全球海上风电新增装机容量的 54%。截至 2022 年底，中国海上风电累计装机容量 3051 万 kW，占全球海上风电装机总容量的 44%，保持世界领先地位。图 1.1 所示为 2016～2022 年我国海上风电新增和累计装机容量统计结果。

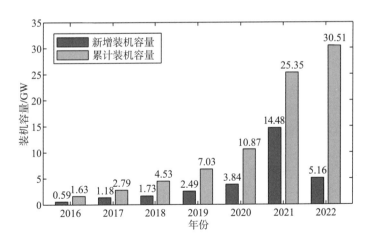

图 1.1　2016～2022 年我国海上风电新增和累计装机容量

注：1G＝10^9

　　然而，目前我国能源结构仍然以高碳的化石能源为主，占比约为 85%。为推动能源生产低碳化与消费端电气化的转型，加大新能源开发力度是必然趋势。风力发电作为目前新能源利用中技术最成熟、最具规模开发条件、发展前景最看好的发电方式，已成为可再生能源的第二大主力[1]，如图 1.2 所示。

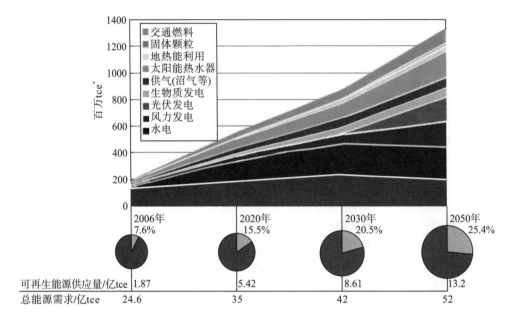

图 1.2　可再生能源供应量发展趋势

*tce (ton of standard coal equivalent)，能源衡量单位，即吨标准煤当量

1.2　风电变流器发展及面临挑战

　　大功率并网风力发电机组 (以下简称风电机组) 及风电场的安全可靠运行将对提高电网稳定性、实现负荷合理分配以及降低发电成本产生重要影响[2-4]。风电变流器是风电并网装备的核心，是实现风电机组电能回馈至电网的关键控制通道，是直接影响大功率风电机组及入网安全稳定运行的重要环节[5-7]。风电变流器基础核心部件是绝缘栅双极型晶体管 (insulated gate bipolar transistor, IGBT)，其可靠性对变流器及风力发电整机的可靠性至关重要。通过对变流器可靠性的潜在影响因素进行分析可知，在各类失效因素中，约 55% 的失效是由温度及其应力循环因素诱发[8]，如图 1.3 所示。由于风能固有的间歇性特征，风电机组会出现长时间、频繁和大范围的随机出力变化，其电能转换单元将持续承受剧烈的热应力冲击，使变流装置在风电并网运行中的可靠性变得极其脆弱。

大功率风电机组设备故障在机组停机原因中占比高达 65%～75%，并产生 30%～35% 的运维成本[9-10]。风电变流器、电控系统等电气关键部件的高故障率[11-12]，严重阻碍了高效、高可靠风力发电技术的发展，如图 1.4(a) 所示。由于变流器功率器件内部器件材料的热膨胀系数差异，变流器功率器件持续承受交变电热应力，其在变流器各元件故障率中占比最高，达 34%，如图 1.4(b) 所示，严重降低了风电变流器的运行可靠性。

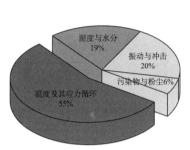

图 1.3　影响变流器可靠性的应力源

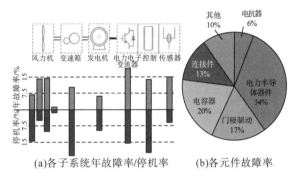

(a)各子系统年故障率/停机率　(b)各元件故障率

图 1.4　风电机组与变流器各元件故障率

此外，风力发电系统装备在户外受气候环境影响较大，加速了材料和内部封装结构的老化[13,14]。IGBT 器件失效前所经历的循环周期数由结温波动幅值、最高结温、平均结温、最低外壳温度及器件周期导通时间等因素共同决定[15]。IGBT 器件典型结温波动幅值与失效周期寿命变化曲线[16]如图 1.5 所示。

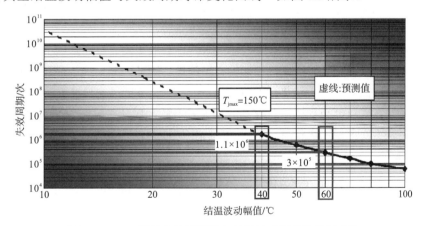

图 1.5　IGBT 器件失效周期数与结温波动幅值的关系曲线

由图 1.5 可知，随着结温波动幅值的增加，IGBT 器件的失效周期数将急剧减小；在结温最大值为 150℃，结温波动幅值为 40℃ 的情况下，失效周期数为 $1.7×10^6$ 次。因此，若结温波动频率为 8Hz，则 IGBT 器件运行能力仅为 2.5 天左右。由此可知 IGBT 器件内部器件结温变化，是影响其疲劳寿命的关键。

目前市场上兆瓦级以上的风机应用广泛，所需功率器件等级也达到数千安，为了提高变流器可靠性和减小成本，普遍采用芯片并联和功率器件并联来提高电流等级，这就对并联均流提出了较高的要求。并联器件间线路杂散参数与驱动触发信号不一致均会引起电流不平衡[17]，而且双馈风电机组机侧变流器长期在较低的输出频率下运行，进而导致同一变流器内不同功率器件间或者同一器件内不同芯片间温度存在差异，并在长期运行过程中形成热薄弱环节。这使得功率器件实际使用寿命大大缩短，以及机侧变流器的故障率增加，且远高于网侧变流器，不利于风电机组长期稳定运行。

此外，虽然我国风电累计装机容量逐年增高，发展速度较快，但受限于风能资源与电力负荷中心的逆向分布，我国普遍采用大规模风电"集中式开发、远距离输送"的运营模式，因此风电场多建在电网较为薄弱的偏远地区，使得风电机组所连电网实质上是一个存在电压跌落、电压不平衡、谐波畸变等各种形式故障的"弱电网"。双馈发电机(double fed induction generator，DFIG)定子直接与电网相连，电网电压跌落时产生的电能将不能全部送出，定转子感应出的过电流和过电压将导致变换器、绕组绝缘以及直流母线电容的损坏[18]。为满足现代电网规范要求，实现电网在故障下不脱网或故障穿越要求，国内外研究多从保护或提高电网电气性能的角度出发，采用改进控制策略和增加额外硬件保护的方法实现故障穿越。但不同的控制策略同样会对变流器 IGBT 和换流二极管的结温大小和波动造成影响，从而影响变流器系统的可靠性[19-22]。

总之，风电机组由于运行工况的随机性和不确定性，风电变流器 IGBT 不仅受机组运行工况长时间尺度应力影响，而且受变流器开关频率短时间尺度应力作用，因此风电变流器 IGBT 器件内部应力建模与特性获取困难。在此基础上，进一步提升风电变流器 IGBT 器件运行可靠性具有挑战性。因此，开展风电变流器 IGBT 器件内部应力特性分析及主动热调控方法研究，进一步掌握风电变流器功率器件内部的结温计算方法及分布规律，获取其老化失效寿命，提升 IGBT 器件运行可靠性，对风电变流器安全稳定运行及风电主动支撑电网能力具有重要意义。

1.3　IGBT 器件应力特性及热管理研究现状

1.3.1　IGBT 应力分析研究现状

目前，国内外学者关于 IGBT 器件结温计算方法的研究，可大致分成物理接触法、光学法、温敏参数法、热网络法等四种。

(1)物理接触法是将热敏电阻或热电偶直接接触 IGBT 器件的硅芯片(简称 IGBT 芯片)表面来测量其结温。物理接触法可以直接测量芯片结温，但是需要附加测量设备进行接触测量，易受封装材料(如硅胶)干扰，同时需改变封装结构或直接将器件开封，且功率器件内部空间有限。

(2)光学法利用反射光子的能量与照射温度的对应关系推测结温，具有测量准确、空间分辨率高、可实现实时测量等优点[16-17]。其中，红外摄像法测量 IGBT 结温是最常用的光学测温技术，文献[17]利用高速红外测温设备对 IGBT 芯片的结温进行了实时测量。红外摄像法是一种非接触式测量方法，能迅速反映结温变化，能从多点测量中反映芯片表面的二维温度分布。但是和其他光学测温方法一样，红外摄像法不适用于全封装器件，只适合在实验室研究已开封的器件，而且整套设备价格昂贵。

(3)温敏参数法是利用功率器件的一些电学参数受温度影响明显且具有线性特性的特征，建立其二者之间的联系。该方法只需测量 IGBT 器件外部电参量，不需要改变器件的封装结构，测量相对简单，文献[18]～[20]建立了饱和压降 V_{ce} 等热敏参数与 IGBT 芯片结温之间的关系曲线，对结温进行间接测量。然而，这类测量方法需要在通以小电流的情况下进行，而 IGBT 器件实际运行时如果关断后再通以小电流测试，会对 IGBT 器件以及由其构成的电路系统造成干扰。因此，这种方法不适用于结温的在线测量，只适合实验室阶段的研究。

从上述三种方法的分析可知，虽然实验测量方式的准确性较高，但是由于 IGBT 器件的密闭封装特性，该类方法的应用受到很大限制；此外，诸如红外成像仪等设备的较高成本以及较复杂的实验条件也制约了实验测温法的广泛应用。因此，变流器功率器件的结温仿真预测方法就成了其整体设计、器件选型以及系统运行可靠性评估的重要手段。

(4)热网络法基于集中参数的功率器件电热耦合模型，利用器件损耗参数及运行参数，通过其电损耗模型和热网络模型来实时计算功率器件的结温及其变化趋势[21-23]。图 1.6 为逆变器功率器件结温测量的电热耦合模型法的结构框图。

针对电热耦合模型法测量 IGBT 器件的结温，已有部分文献进行了相关研究。文献[24]、[25]基于开关周期的损耗分析方法，研究了 IGBT 器件的损耗及结温计算模型；文献[23]采用集总参数法，基于器件的瞬态热阻抗参数，建立了 RC(即电阻和电容，resistance-capacitance)热网络结温计算模型；文献[26]提出一个实时结温预测模型用以实现功率器件的健康管理；文献[27]采用热网络模型分析了不同的散热方式对变流器 IGBT 器件结温的影响。由于功率器件多芯片热源间存在热耦合影响，如果仅采用当前现有的电热耦合模型来计算大功率变流器多芯片并联功率器件的结温，结温测量可能不准确。

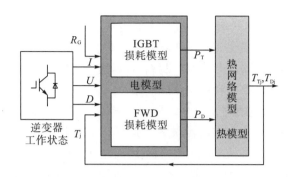

图 1.6 　结温测量的电热耦合模型法

R_G 为热阻；T_j 为结温均值；I、U、D 分别为逆变器输入电流、端电压和占空比；FWD 为续流二极管；
P_T、P_D 分别为 IGBT、FWD 损耗功率；T_{Tj}、T_{Dj} 分别为 IGBT 和 FWD 的结温

焊层疲劳被认为是导致功率器件失效的主要原因之一[28-33]。IGBT 器件各层材料的线性热膨胀系数不同，工作过程中温度的波动会使各层材料承受交变应力，导致 IGBT 硅芯片与敷铜陶瓷板 (direct bond copper，DBC) 上铜层以及 DBC 下铜层与铜基板之间的焊层产生裂纹，如图 1.7 所示。裂纹在温度波动持续冲击下逐渐延展，最终造成 IGBT 内部芯片、焊料层、陶瓷层等各层材料的分层脱落；由于各层间有效接触面积减少，热阻增大，促使温度升高，又进一步加快功率器件的老化失效。焊层疲劳导致的功率器件老化对结温计算的影响问题，一直是变流器可靠性研究的热点。

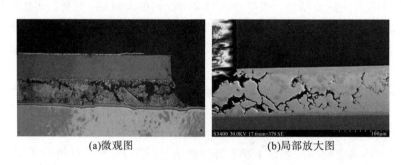

(a)微观图　　　　　　　　　　　　　　　　(b)局部放大图

图 1.7 　功率器件焊层失效

目前，国内外学者关于功率器件的结温计算和疲劳老化的研究工作已有部分成果。文献[34]对比研究了电流迟滞控制、正弦脉宽调制 (sinusoidal pulse width modulation，SPWM)、空间矢量脉宽调制 (space vector pulse width modulation，SVPWM) 三种调制方式下脉冲负载对功率器件结温的不同影响；文献[35]以近海风场永磁同步电机为研究对象，利用 Foster (福斯特) 热网络分析了机侧、网侧 IGBT 器件的结温特性；文献[13]考虑多芯片热源之间的耦合作用对 IGBT 器件功率循环能力的影响，对不同的结温计算模型进行了误差分析；文献[14]、[15]研究了基于

壳温的风电变流器状态监测方法，在一定程度上考虑了器件疲劳老化对结温计算的影响。但是上述文献都是基于 IGBT 器件热阻为固定值的假设，无法追踪结温在器件不同寿命时期的演变历程，且不同风速下功率器件内部不同的焊层疲劳老化程度与器件结壳热阻变化的关系尚未研究。文献[36]利用不同功率循环次数下结温的变化量来进行功率器件的状态监测，但其对疲劳寿命后期结温的评估仍是基于热阻固定的常规热网络模型；文献[37]从热传导路径的角度分析了功率器件的结温计算，但是其仅仅考虑基板焊层老化引起的导热路径变化，而没有考虑老化影响可能更为显著的芯片焊层疲劳。此外，文献[38]～[43]分别从不同的角度分析了功率器件的热应力、结温、疲劳寿命等，但均未涉及疲劳寿命后期功率器件热参数的变化对功率器件热行为的影响。事实上，功率器件在运行过程中承受着各种不同水平的热应力疲劳载荷，其基板焊层和芯片焊层的健康状态是一个不断变化的过程。

综上所述，风电变流器由于风速随机波动及功率双向流动等特殊工况而处于复杂的运行环境中，其结温特性值得进一步研究。现有文献涉及的常规结温计算模型及结温分析大都基于功率器件内部单芯片独立发热和传热的假设，很少考虑功率器件内部各个芯片间的热耦合作用，需要考虑并联多芯片间热源耦合作用，建立多芯片热源耦合电热网络模型，以实现风电变流器更有效的功率器件结温计算。此外，基于焊层疲劳寿命后期对风电变流器 IGBT 器件结温计算有重要影响，需要考虑风电变流器功率器件老化结温评估模型的研究，以提高风电变流器的可靠性评估水平。最后，为了满足风电机组变流器功率器件大容量的要求，目前普遍采用多芯片并联的方式提高功率等级，芯片间电流分布不均匀可能导致器件内部温度分布不均，长时间运行条件下不同芯片间疲劳程度存在差异，会降低器件整体的使用效率。有文献表明，杂散电感是导致并联芯片不均流的主要原因，因此有必要进一步分析在变流器运行过程中 IGBT 器件内部杂散电感对开关特性的影响，基于器件结构及电路参数，研究有杂散电感影响的功率器件内部的动态热分布规律。

1.3.2　风电变流器功率器件封装失效状态监测与评估现状

现有风电变流器一般都采用塑封多芯片 IGBT 器件，由键合线将芯片与芯片并联、芯片与 DBC 铜板焊料焊接而成。IGBT 器件典型的封装失效形式为键合线脱落，如图 1.8 所示；另一种主要失效模式为功率器件内部焊层老化，即出现裂纹和脱落，如图 1.7 所示。这两种失效模式的根源是功率器件内部温度波动及不同材料热膨胀系数不匹配，产生交变热应力，导致变流器老化和失效。对于这两种典型的封装失效状态的监测和评估方法，国内外研究现状如下。

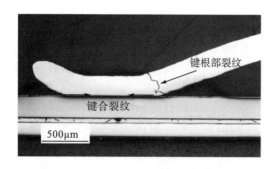

图 1.8   IGBT 器件键合线脱落

1) IGBT 器件键合线脱落状态监测和评估研究现状

因为芯片焊料和键合线材料与硅芯片的热膨胀系数存在较大的差异，在反复的交变热应力冲击下，芯片焊层逐渐发生断层，引起导热路径破坏，最终导致键合线断裂，甚至脱落[39-40]。目前，国内外对 IGBT 器件键合线状态脱落的状态监测研究处于起步阶段，且多数研究成果难以实际应用。如文献[41]采用涡流脉冲热成像技术来实现对 IGBT 芯片键合线脱落情况的监测，但是需打开 IGBT 器件外壳，且需较昂贵的高精度设备。文献[42]须改变 IGBT 器件结构，在发射极引线处接入低值电阻，当某芯片上键合线全部脱落时，一个电信号将出现在电阻的公共端处，以此判断键合线的脱落情况。另外，有些研究通过 IGBT 器件端部特征量开展状态监测，如门限电流增大、导通电阻增大[43]、导通饱和压降增加以及关断时间减小等[44]。文献[45]和文献[46]分别提出利用门极电压和门极电流的动态特性变化实现对 IGBT 器件状态监测，然而，门极电压和电流的动态特性变化时间较短，为微秒甚至纳秒级，必须借助专业化设备进行捕捉且分析较为困难。文献[20]针对 IGBT 芯片实验研究表明，随着键合线脱落程度加大，导通电压逐渐增大但增量较小，最大增量为 0.14V，是正常导通电压的 7%。由于键合线电阻远远小于芯片的导通电阻[47]，且运行时为其留有 2~3 倍的最大工作电流裕量，故内部单个芯片上的一根或几根键合线脱落与否对整个 IGBT 器件继续运行几乎没有影响。当某个芯片键合线全部脱落，即某个芯片失效后，导通电流将在其他芯片上重新均流，加速其他芯片键合线脱落，最终造成 IGBT 功率器件失效。故有必要寻求 IGBT 器件的可用芯片数目评估方法。

2) IGBT 器件焊层脱落状态监测与评估研究现状

IGBT 器件的焊层包括芯片焊层和基板焊层，其中，基板焊层中焊层脱落将改变整个 IGBT 器件结温分布，严重影响 IGBT 器件的使用寿命和可靠性。目前，国内外学者关于 IGBT 器件焊层脱落研究处于初级阶段，研究主要集中在焊层脱落下器件的结温分布和焊层脱落状态监测方法。在基板焊层脱落下 IGBT 器件温度分布研究方面，文献[17]、[48]、[49]建立功率器件三维有限元模型，研究基板焊层脱落度与基板温度变化的关系。当脱落度大于 50%时，功率器件发生失效概率较大[48]。文献[50]通过研究不同焊层失效程度下功率器件的热-机械性能变化规律，发现在焊层边角以及空洞边缘处的热应力最大，反向续流二极管结温变化较其自身 IGBT 芯片小；随着空洞半径增大芯片结温近似呈指数增长。在状态监测方法研究方面，文献[50]提出了基于结温梯度的焊层健康状态评估方法，考虑到实际 IGBT 器件一般都内置于变流器产品中，变流器运行时较难通过红外监测设备获取器件表面结温梯度，因此该方法在实际应用中比较困难。文献[51]提出了基于壳温的 IGBT 器件状态监测方法，但对不同的焊料脱落程度与各芯片壳温变化之间的关系尚未研究。IGBT 器件在运行过程中长期承受着各种不同水平的热应力疲劳载荷，其健康状态不断恶化，尤其在疲劳寿命后期会出现基板焊层疲劳脱落现象。IGBT 器件内部物理结构发生改变，进而改变器件的热传递路径，引起热阻发生变化，使 IGBT 器件结温与壳温进一步升高，导致各芯片底部壳温以及芯片间热耦合程度也发生变化。因此，有必要提取表征基板焊层脱落的特征量，研究较易应用于实际的 IGBT 器件基板焊层脱落状态评估方法。

综上所述，为了提高风电变流器的可靠性，围绕 IGBT 器件两种典型的封装失效模式，有必要开展 IGBT 器件键合线和基板焊层脱落状态监测和评估研究。

1.3.3 风电变流器功率器件热疲劳寿命预测现状

变流器功率器件结温波动导致不同热膨胀系数材料间产生交变热应力，是变流器功率器件老化失效的根本原因。因此准确提取功率器件长期运行中的不同程度热载荷循环结果，建立与实际工况密切相关的寿命评估模型，才能更准确地评估变流器健康状态、预测剩余使用寿命。目前对于风电变流器的寿命评估已有较多研究，文献[41]分析了风速及风机参数对永磁同步风电机组网侧变流器功率循环能力的影响；文献[52]～[54]分别从风速概率分布、湍流风速波动程度以及风速采样间隔的角度分析了对故障率计算结果的影响。以上研究都是基于解析模型，根据功率循环能力来衡量风电变流器的可靠性。

针对风电变流器出力随机变化，需要承受不同载荷这一情况，普遍采用 Miner(米内尔)线性累积模型，通过雨流计数法对功率器件热载荷谱进行解析，只需要局部的结温波动信息，即可通过线性拓展的方式得到整个寿命周期故障率结果。这些模型对于大载荷的实验模拟较为准确，而变流器由于换流作用，结温波动通常小于 40℃，通过这些模型得到的寿命计算结果与实际运行寿命存在一定差异。文献[45]指出反复小载荷热冲击对功率器件寿命的影响与当前健康状态相关，当存在初始裂纹时会加速功率器件老化。针对相同载荷在功率器件不同寿命阶段对疲劳老化的影响不一致的情况，文献[46]采用分段式疲劳累积损伤模型，重点考虑了小载荷对变流器寿命的影响。针对风电变流器受风速影响，结温均值波动范围大、变化时间尺度宽的特点，文献[20]对变流器运行状态进行划分，建立了考虑风速随机波动影响的变流器可靠性评估模型。文献[47]、[48]针对风电变流器结温波动的特点，提出了计及不同时间尺度的变流器可靠性评估模型。

以上文献都是基于电网正常运行状态进行的研究。然而，电网故障等极端复杂运行工况却可以在短时间让风电变流器的运行状态产生瞬时剧烈、非线性的变化，其影响不可忽视，目前国内外针对电网故障状态下的风电变流器热分布情况研究较少。电网故障会造成电网稳态电压不平衡，瞬态较轻度跌落，严重的对称、不对称电压跌落[13]。文献[49]对 80%严重对称跌落的低电压穿越(low voltage ride through，LVRT)进行了热仿真分析，发现故障期间结温波动较大，瞬时结温冲击较高；文献[14]、[17]研究了永磁直驱风机在电网对称跌落和不对称跌落的情况下，网侧不同类型多电平变流器的稳态热电特性，结果表明在低电压穿越期间当跌落超过 0.5p.u.时所有电流用作无功补偿，由于无功电流的增加，功率器件(特别是二极管)将承受更高的结温和热应力；文献[51]基于初始定子磁链为常数的假设，主要研究 DFIG 系统不同程度对称电网电压跌落转子侧变流器的稳态热分布；文献[16]、[51]分别基于消磁控制以及无功功率循环优化控制策略，从控制方式的角度研究对称故障期间 DFIG 机侧变流器的暂态热特性。此外，传统变流器保护都是基于控制策略和撬棒(crowbar)电路硬件的过电应力保护，对于变流器内部热应力薄弱环节的关注较少，已有文献还不能明确掌握电网故障对风电变流器 IGBT 功率器件热分布的瞬时影响规律与长期疲劳累积寿命消耗情况。因此，有必要计及电网故障对风电变流器运行可靠性与寿命的影响，将电网故障对 IGBT 器件的短时间疲劳冲击和长时间运行温度变化纳入风电变流器寿命评估模型的考虑范围，基于电网电压跌落故障对变流器功率器件运行温度的影响，建立计及电网电压故障穿越累积效应的 IGBT 寿命评估模型，提升 IGBT 器件疲劳寿命预测的准确性。

1.3.4　风电变流器 IGBT 器件热调控方法研究现状

功率器件所承受的热应力是导致风电变流器功率器件失效的重要原因之一[55-58]。特别是机侧变流器(RSC)长时间处于低频运行状态，使得功率器件结温波动显著增加，不利于变流器的长期可靠运行。因此，有效的热管理对于保障双馈风电机组的安全可靠运行意义重大。通过对风电变流器功率器件损耗和结温的影响因素分析，国内外学者提出了不同的结温抑制策略，主要包括开关频率控制、调制策略调整以及无功优化等。

针对双馈风电机组 RSC 功率器件结温波动大的问题，文献[59]基于不连续空间矢量调制在一定负载功率因数角可降低变流器开关损耗的思路，提出了以 RSC

功率因数角变化范围为依据的分段不连续空间矢量调制策略，能有效抑制 RSC 功率器件中 IGBT 器件的结温及结温波动，且不影响机组运行性能。文献[60]结合连续脉宽调制和非连续脉宽调制策略的优点，提出了一种混合空间矢量调制方法，可以根据风速的概率分布切换不同的调制策略；在此基础上，研究了适用于不同调制策略的功率器件结温计算方法，评估了不同调制序列下 IGBT 器件长时间尺度的寿命消耗，发现采用混合调制方法时器件年寿命消耗大幅降低。文献[61]为了提高功率器件的寿命，针对不同的寿命要求，提出了一种基于变流器可靠性和全寿命期总发电量的新型风电机组降额策略，并研究了所提降额策略对系统总输出产生的影响；在给定的功率器件寿命要求下，采用非线性规划优化算法使机组输出最大化，认为风力发电系统运行在 60.1%额定输出功率可以达到更好的运行性能和生产效益最大化。双馈风力发电系统中变流器的运行特性导致 RSC 的预期寿命小于网侧变流器(GSC)，同时风电并网对风电机组提供无功支撑的需求进一步缩短了 RSC 的运行寿命；文献[62]从无功支撑带来的功率器件附加应力出发，研究了变流器之间的智能无功功率分配问题；通过在 RSC 和 GSC 之间进行无功功率优化，以延长 RSC 的服役寿命。风能控制系统中的有功功率指令受风速波动的影响，随机、大范围的出力变化引起功率器件的显著热循环，导致变流器寿命缩短。文献[63]在 RSC 的有功功率控制环中加入低通滤波器，有效提高了风电变流器的运行可靠性。文献[64]根据负载功率的变化，提出了一种由功率回路和热控制回路组成的综合热管理策略，通过内外热管理来控制变流器功率器件的结温；然而所提出的热平滑控制策略仅适用于轻载情况下，且以适当提高平均温度为代价来减小温度波动。

针对双馈风电机组 RSC 在同步转速点附近结温波动出现的"尖峰"现象，文献[65]从缩短机组低频运行时间和提升同步转速附近区域穿越速度的思路出发，通过修改风电机组的功率跟踪曲线提出了一种改进控制策略，有效减小了风电变流器中功率器件的结温。文献[66]基于类似思路在 RSC 控制系统中增加了转速控制外环，提出了基于双控制外环的改进最大功率点跟踪(maximum power point tracking，MPPT)控制策略；在预设转差范围内将功率外环切换为转速外环以控制转子转速，缩短机组低频运行时间，实现 RSC 功率器件的结温波动抑制。文献[67]利用双馈风电机组的撬棒电路，提出了一种多模式运行控制策略，使机组在 DFIG 和感应电机两种工作模式之间切换，以防止机组在同步转速附近低频运行，避免功率器件由于低输出频率引起较大的结温波动；感应电机运行模式下，利用 GSC 作为静止无功补偿器以满足机组的无功功率需求。通过预设转差范围内功率跟踪曲线的修改或者运行模式切换，在实现变流器功率器件热管理的同时牺牲了机组的运行效率。文献[68]根据 DFIG 中高频脉宽调制谐波随着转子转差的增大而明显减小的特点，提出了一种开关频率动态控制技术，通过在运行过程中动态地降低开关频率，减小同步工作点附近 RSC 的开关损耗，实现 RSC 功率器件的热管理。

然而，开关频率越低，输出电能质量越差，通过开关频率调整实现变流器功率器件热管理，实际上是变流器运行可靠性与输出性能之间的博弈。

　　风电变流器 IGBT 器件主动热调控方法，一方面主要针对并网变流器高开关损耗抑制以及同步转速点附近 RSC 功率器件结温波动抑制，重点解决兼顾效率和电能质量的问题；另外一方面，电网友好型风力发电正向主动支撑型发展，电网对风力发电提出的主动电压/频率支撑能力也会影响风电变流器的可靠性，兼顾变流器 IGBT 器件可靠性的风力发电并网主动支撑技术也是变流器主动热调控方法的一种尝试。

第2章 双馈风电变流器 IGBT 器件多芯片热源耦合建模及应力特性分析

风电变流器作为风电机组电能回馈至电网的关键控制通道，是影响风电机组安全可靠运行的重要环节。由于风速的随机波动，风电机组频繁、大范围的出力变化，变流器在风电并网运行中的可靠性变得极其脆弱。如今，应用于风力发电机组变流器上的功率器件大多为多芯片并联结构，在运行期间，各芯片同时发热将影响彼此的温度分布。但是，目前现有的功率器件热网络模型仅考虑芯片自身发热的影响，忽略了芯片间的热耦合因素。为了准确分析大功率风电变流器上的多芯片功率器件的结温计算与芯片间热源耦合的关系，有必要对双馈风电机组变流器 IGBT 器件的功率损耗、稳态结温及芯片间的热耦合影响规律进行深入分析，进一步研究双馈风电机组变流器功率器件的结温及其热耦合作用。

为此，本章拟考虑大功率变流器多芯片并联功率器件内部的热耦合作用，建立多芯片热源耦合的改进热网络模型。首先，从某风场 2MW 双馈风电机组变流器 IGBT 器件的内部结构和材料参数出发，搭建功率器件的三维有限元模型；利用有限元分析方法研究其多芯片的热耦合作用机理和热分布特性，分析其对结温计算的影响；基于耦合热阻抗矩阵理论分析，建立 IGBT 器件考虑多芯片热源耦合的改进热网络模型，与有限元模型以及未考虑多芯片热源耦合的常规热网络模型的结果进行对比分析。其次，基于双馈风电机组工作原理及变流器控制策略，建立双馈风电机组仿真模型，分析某 2MW 双馈风电机组的运行特性。最后，根据建立的多芯片热源耦合的改进热网络模型，搭建双馈风电变流器 IGBT 器件的改进结温计算模型，在全运行工况下，对比分析机侧及网侧变流器 IGBT 器件的自热结温及耦合结温，并和某 2MW 实际风场同型号的变流器功率器件的壳温测试结果进行对比验证，验证其热耦合分析的有效性和必要性。

2.1 风电变流器 IGBT 器件有限元建模及热耦合分析

2.1.1 风电变流器 IGBT 器件结构

针对目前主流的 2MW 及以上的大功率风电机组，由于其变流器单机容量大，其功率器件通常采用多芯片并联结构。图 2.1 所示为某 2MW 双馈风电机组变流器及其功率器件(FZ1600R17HP4)的实物图。

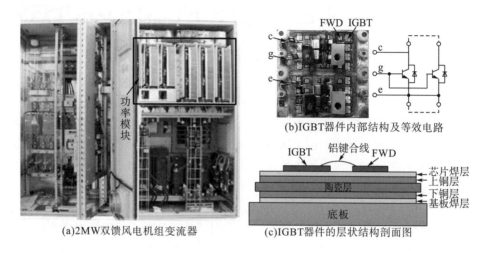

图 2.1　双馈风电机组变流器 IGBT 器件及其剖面图

从图中可以看出，该双馈风电变流器功率器件由多个 IGBT 芯片和FWD(free-wheeling diode，续流二极管)芯片组成。从 IGBT 器件剖面图可知，其由 7 层材料构成，最上层为硅芯片，下方为由绝缘陶瓷层与上、下铜层构成的 DBC基板，并通过焊接层连接到底板上，底板周边分别引出集电极、栅极、发射极三个电极。另外，从图 2.1(b)中还可看出，风电变流器 IGBT 器件内部的多个硅芯片共用一个基板，各芯片工作产生的热量传递可能会相互影响。

2.1.2　风电变流器 IGBT 器件有限元建模

ANSYS 是一款通用的有限元分析软件，自从其问世以来就受到世界各国工程师的重视与青睐，现已广泛应用于生物医学、核能、电子电气、机械制造、汽车、航空航天等多学科领域。该软件涵盖了结构、流体、电磁、热学等四大学科，并可以耦合各物理场间的相互作用。有限元分析方法可有效避免实验测量时带来的误差，缩短开发周期，极大地节约人力、物力与财力。考虑到不同层次用户的需要，ANSYS 开发了仿真模拟环境 Workbench，该模拟环境可直接参数化尺寸驱动的 CAD 接口。本小节将利用其进行功率器件的热电耦合分析及热力耦合分析。

ANSYS 有限元分析方法以传热学中的导热微分方程为基础，利用模型的相关参数和边界条件对应的矩阵形式进行数值计算，导热微分方程可表述如下[61]：

$$\rho c \frac{\partial T}{\partial t} = \lambda \left(\frac{\partial^2 T}{\partial x^2} + \frac{\partial^2 T}{\partial y^2} + \frac{\partial^2 T}{\partial z^2} \right) + \theta \tag{2.1}$$

式中，ρ 为材料的密度，kg/m^3；c 为材料的定压比热容，J/(kg·℃)；T 为物体的瞬态温度，℃；t 为导热过程进行的时间，s；θ 为热源强度，W/m^3。

　　ANSYS 的分析求解过程包括三个主要步骤，分别是前处理、加载求解和后处理。其中，前处理包括建立或者导入集合模型，定义材料属性，划分网格；加载求解包括定义约束条件，施加载荷，设置分析选项并求解；后处理包括查看分析结果及验证分析结果。

　　若要利用有限元方法分析该风电变流器 IGBT 器件内部芯片间的热耦合作用，则需先获取功率器件内部各层结构的几何尺寸以及各芯片之间的相互位置关系。结合图 2.1 所示功率器件的层状结构剖面图，同时考虑图 2.1(b) 中功率器件结构的对称性，且由于每四组 IGBT 和 FWD 芯片组空间位置相对独立，本书选取该功率器件的四分之一单元进行仿真建模分析，各 IGBT 芯片分别记为 T1~T4，FWD 芯片记为 D1~D4。根据芯片在器件内部的具体位置，定义 T(D)1、T(D)4 为边缘位置芯片，T(D)2、T(D)3 为非边缘位置芯片，经过多次测量且结合赛米控公司所提供的器件数据[62]，功率器件内部各个芯片之间的距离关系如图 2.2 所示。其中，功率器件层状结构剖面图中各层材料的参数如表 2.1 所示。

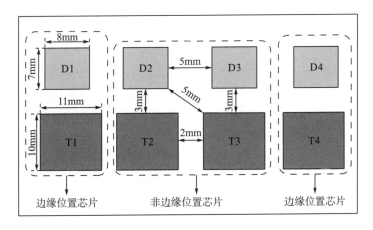

图 2.2　风电变流器 IGBT 器件内部芯片布局

　　在对各层材料进行热物理材料属性定义时，很多文献忽略了温度对材料热物理属性的影响，仅采用某一温度下的热参数进行分析。当温度从 293K 上升至 473K 时，金属材料的热导率仅下降 2%，其变化较小，可忽略不计[67]。但是，硅作为半导体芯片的主要构成材料，其热导率受温度影响明显，当温度从 300K 变化到

400K 时，硅的热导率降低 31%，在材料热物理属性设置时应考虑这个因素。不同温度下，硅的热导率可由式(2.2)求出[68-69]，其中 T 为热力学温度。

$$\lambda(T) = 2.475 \times 10^5 \times T^{-1.3}, \quad T \geqslant 273\text{K} \tag{2.2}$$

假设各层材料结合完好，无相对滑移，忽略硅胶散热。根据上述功率器件内部芯片的距离尺寸及各层材料的参数特性，建立风电变流器 IGBT 器件的三维有限元模型如图 2.3(a) 所示。由于铝键合线对功率器件温度分布的影响很小，在建模时予以忽略。

表 2.1　IGBT 器件 FZ1600R17HP4 内部材料参数

IGBT 器件内部结构	材料	导热系数 λ [W/(m² · K)]	厚度 d/mm	密度 ρ/(kg/m³)
IGBT	Si	$\lambda(T)$	0.3	2329
FWD	Si	$\lambda(T)$	0.3	2329
芯片焊层	Sn-Zn-Ag	78	0.05	7400
DBC 上铜层	Cu	386	0.3	8960
陶瓷层	Al₂O₃	18	0.7	3690
DBC 下铜层	Cu	386	0.3	8960
基板焊层	Sn-Zn-Ag	78	0.1	7400
底板	Cu	386	3	8960

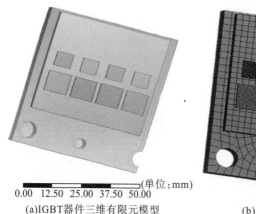 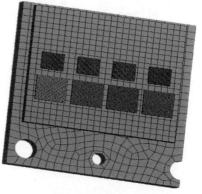

(单位:mm)

0.00　12.50　25.00　37.50　50.00

(a)IGBT器件三维有限元模型　　　　(b)IGBT器件网格剖分图

图 2.3　IGBT 器件三维有限元模型及其网格剖分图

根据功率器件的几何模型，进行网格划分时主要考虑了如下几个原则：①对于重点关注的芯片层，采用较密网格进行细分，以提高计算精度；②对于厚度远远小于底板的基板焊层和芯片焊层，采用局部网格加密；③对于铜基板及底板等尺寸较大的结构，采用相对较粗的网格。经剖分之后，该 IGBT 器件结构共产生 371759 个节点，197770 个网格，进行网格剖分之后的结果如图 2.3(b) 所示。

2.1.3　风电变流器 IGBT 器件热耦合分析

为了分析多芯片并联的风电变流器功率器件内部芯片间的热耦合影响，现通过有限元模型，分别在 T1～T4 芯片上施加值为 1.5W/mm^3 的内部生热率进行仿真模拟。所选取的变流器功率器件四分之一单元模型，其边界条件如下：对于对流换热系数(即物体表面与附近空气相差 1℃时单位面积上通过对流与空气所交换的热量)，依据文献[5]将器件基板侧面的对流换热系数设置为 10W/(m^2·K)，以模拟自然散热条件；底板散热对流换热系数为 4000W/(m^2·K)，以模拟散热器的散热条件；环境温度设为 50℃，以模拟变流器机舱内部温度。此时 IGBT 器件内部各个芯片的结温分布如图 2.4 所示。

由图 2.4 可知，当给上述功率器件施加损耗时，受 IGBT 芯片热耦合因素影响，在 T1～T4 芯片中，处于器件内部不同位置的芯片结温大小存在一定的差别。其中，处于非边缘位置的 T2 芯片最高结温为 87.36℃，而处于边缘位置的 T1 芯片结温为 85.41℃。结温对于器件的选型、散热器的设计以及变流器功率器件的状态监测至关重要，因此，考虑芯片间的热耦合作用，准确计算芯片的结温意义重大。

为了进一步验证本章所建立的风电变流器功率器件三维有限元模型的准确性，本书利用某实际 H93-2MW 双馈风电机组不同风速下对应的功率器件损耗得到其有限元模型计算的壳温，同时与该双馈风电变流器的数据采集与监视控制系统(supervisory control and data acquisition，SCADA)实测壳温进行对比验证，如图 2.5 所示。

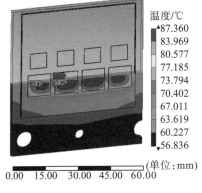

图 2.4　IGBT 器件结温分布云图

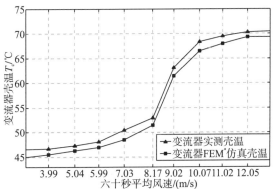

图 2.5　2MW 双馈风电变流器壳温测试与仿真结果

FEM：finite element method，即有限元法

　　从图 2.5 可以看出，在不同的风速下，采用本书有限元模型的变流器壳温计算结果与样机测试结果基本一致，说明了本书仿真模型的正确性及热分析的有效性。

2.2　考虑多芯片热源耦合的改进热网络模型及结温计算

2.2.1　IGBT 器件常规热网络模型

　　采用集总参数方法的热网络以及基于热网络分析的结温计算方法已被广泛用于实时在线计算 IGBT 器件的结温[23]。目前，基于集总参数法的 Foster(福斯特)热网络和 Cauer(考厄)热网络都是对 IGBT 器件的实际传热过程的集中等效，都能够利用电路网络或传递函数的形式在电路仿真器中实现。其中 Cauer 热网络从物理本质上表征了功率器件封装内部的导热过程，因此其热网络参数 R_i 和 C_i 可以表征半导体器件结壳之间的各层结构材料的热阻和热容，然而其参数的获取和实验验证却相对困难。相比之下，Foster 热网络虽不能表示器件本身传热的物理本质，但也是对 IGBT 器件传热结构的外特性等效，且其参数的获取和相应的数值计算都较容易，故本书采用 Foster 热网络对变流器功率器件进行热分析。为便于比较考虑多芯片热源耦合的热网络以及结温计算模型，本节首先简述基于硅芯片自身发热并独立传热的热网络及其常规结温计算方法，然后基于耦合热阻抗矩阵研究提出计及多芯片热源耦合的结温计算模型，最后对两种方法的结温计算结果进行比较，并利用有限元结果进行对比验证。

　　通常，针对变流器 IGBT 器件的层状结构，基于芯片独立发热和传热的热网络等效模型如图 2.6 所示[23]，其中 (a) 图为芯片结壳热阻抗的 Foster 热网络结构形式。

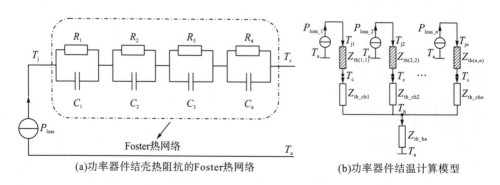

(a)功率器件结壳热阻抗的Foster热网络　　　　(b)功率器件结温计算模型

图 2.6　未考虑多芯片热源耦合的 IGBT 器件常规热网络模型

图 2.6 中，P_{loss_1} 表示芯片 1 的功率损耗，T_{j1} 为芯片 1 的结温，$Z_{th(1,1)}$ 为芯片 1 的结壳热阻抗，Z_{th_ch1} 为芯片 1 对应的管壳-散热器之间的导热硅脂的瞬态热阻抗，其余以此类推；Z_{th_ha} 为 IGBT 器件的散热器热阻抗；T_c 为壳温，T_h 为散热器温度，T_a 表示环境温度。

图 2.6(a) 中，IGBT 器件瞬态热阻抗 $Z_{th\_jc}(t)$ 的定义为：从芯片到外壳的温度差 ΔT_{jc} 与热流通路上器件损耗 P 之比，即

$$Z_{th\_jc}(t) = \frac{T_j(t) - T_c(t)}{P} = \frac{\Delta T_{jc}}{P} \tag{2.3}$$

结合仿真或实验测得的瞬态热阻抗数据，基于数据拟合方法并采用如下所示的指数函数，即可得到 IGBT 器件的热阻抗特性参数。

$$Z_{th\_jc}(t) = \sum_{i=1}^{4} R_i \left(1 - e^{-t/R_i C_i} \right) \tag{2.4}$$

式中，R_i、C_i 分别为各层等效的热阻、热容值，其乘积为热时间常数。通常硅芯片层的时间常数非常小，一般为几毫秒，焊层和 DBC 层的时间常数为几十毫秒，而基板层的时间常数通常在几百毫秒左右[70]。

根据图 2.6(b) 所示的功率器件热网络模型，芯片 i 结温计算表达式为

$$T_{ji} = P_{loss\_i} \cdot (Z_{th\_jci} + Z_{th\_chi}) + \sum_{k=1}^{n} P_{loss\_k} \cdot Z_{th\_ha} + T_a \tag{2.5}$$

从图中常规的热网络模型可以看出，其仅考虑了 Z_{th_jc}、Z_{th_ch} 以及 Z_{th_ha}，没有涉及多芯片间的热耦合影响，对于多芯片并联的功率器件，不能实现其内部芯片结温的准确计算。

2.2.2　考虑多芯片热源耦合的改进热网络模型

器件内各芯片间的热耦合主要受图 2.1(c) 中导热系数更大的焊层、DBC 中的铜层以及铜底板的影响，采用不考虑热耦合的常规结温模型计算多芯片并联功率器件的结温将出现较大的计算误差。为了计及芯片间热耦合对结温计算的影响，本书引入等效耦合热阻抗概念，其表征周边某芯片施加单位功率损耗时目标芯片稳态最高结温的增量，其计算公式可表示如下：

$$Z_{th(n,m)} = (T_{jn} - T_a) / P_m \tag{2.6}$$

其表示在芯片 m 上施加功率损耗激励 P_m 时，芯片 n 的稳态最高结温从未施加损耗时的环境温度 T_a 升高到 T_{jn}。为更好地展开分析，令该温度差值为耦合结温。

针对多个芯片热源的耦合影响的研究，可进一步得到其等效耦合阻抗矩阵 $\boldsymbol{Z}_{couple}$ 为

$$\mathbf{Z}_{\text{couple}} = \begin{bmatrix} 0 & Z_{\text{th}(1,2)} & \cdots & Z_{\text{th}(1,n)} \\ Z_{\text{th}(2,1)} & 0 & \cdots & Z_{\text{th}(2,n)} \\ \vdots & \vdots & & \vdots \\ Z_{\text{th}(n,1)} & Z_{\text{th}(n,2)} & \cdots & 0 \end{bmatrix} \tag{2.7}$$

式中，$Z_{\text{th}(1,2)}$ 表示芯片 2 对芯片 1 的耦合热阻抗，其余以此类推。此外，器件的自热阻抗 $\mathbf{Z}_{\text{self}}$ 可表示为

$$\mathbf{Z}_{\text{self}} = \begin{bmatrix} Z_{\text{th}(1,1)} & 0 & \cdots & 0 \\ 0 & Z_{\text{th}(2,2)} & \cdots & 0 \\ \vdots & \vdots & & \vdots \\ 0 & 0 & \cdots & Z_{\text{th}(n,n)} \end{bmatrix} \tag{2.8}$$

因此，结合器件自阻抗 $\mathbf{Z}_{\text{self}}$，考虑多芯片热耦合的功率器件结温可计算为

$$\mathbf{T}_{\text{j}} = (\mathbf{Z}_{\text{self}} + \mathbf{Z}_{\text{couple}}) \cdot \mathbf{P}_{\text{loss}} + \mathbf{T}_{\text{c}} \tag{2.9}$$

式中，$\mathbf{T}_{\text{j}}$、$\mathbf{T}_{\text{c}}$ 以及 $\mathbf{P}_{\text{loss}}$ 皆为 $n \times 1$ 型矩阵。结合上述公式，进一步建立考虑多芯片热源耦合影响的 IGBT 器件改进热网络模型如图 2.7 所示。

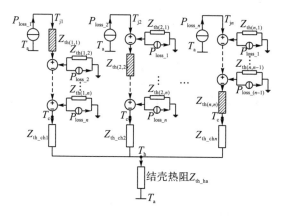

图 2.7　考虑多芯片热源耦合影响的 IGBT 器件改进热网络模型

从图 2.7 中可知，相比于未考虑热耦合的常规热网络模型，本章提出的改进热网络模型考虑了目标芯片的周边各个芯片热源对其热耦合影响，可实现多芯片并联工作模式下功率器件内部芯片结温的有效评估。

2.2.3　耦合热阻抗参数提取及特性分析

为了获取改进热网络模型中的耦合热阻抗参数，采用有限元法分析其功率芯片的损耗和结温关系，即通过在某芯片上施加一单位脉冲损耗 P，监测周边芯片的稳态结温最大值。图 2.8 所示为功率器件各芯片间耦合热阻抗的提取流程。

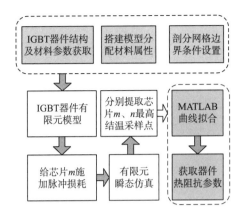

图 2.8　IGBT 器件热阻抗参数提取流程

利用图 2.8 所示流程，根据式(2.3)和式(2.4)，拟合计算可得 IGBT 器件的结壳热阻抗参数如表 2.2 所示。

表 2.2　IGBT 器件的结壳热阻抗参数

芯片编号	IGBT		FWD	
	$R_{IGBT}/(K/W)$	热时间常数 τ_{IGBT}/s	$R_{FWD}/(K/W)$	热时间常数 τ_{FWD}/s
1	0.0181	0.0016	0.0259	0.0006
2	0.1827	0.0402	0.0376	0.0045
3	0.0237	0.262	0.2965	0.0386
4	0.0086	3.855	0.0294	0.551

表 2.2 中的四列数据分别表示 IGBT 和 FWD 的四组 Foster 热网络参数。此外，按照图 2.2 所示的 IGBT 器件内部芯片的实际尺寸和距离，IGBT 器件的耦合热阻 R_{couple} (℃/W)和耦合热容 C_{couple} (J/℃)如表 2.3 所示。考虑器件中芯片布局的对称性，表中只列出了四个芯片间的耦合热阻抗。

表 2.3　IGBT 器件的耦合热阻抗矩阵 Z_{couple} (R_{couple}, C_{couple})（单位：℃/W，J/℃)

芯片编号	T1	T2	D1	D2
T1	—	(0.0251, 99)	(0.0124, 290)	(0.0074, 540)
T2	(0.0255, 98)	—	(0.0081, 493)	(0.0128, 281)
D1	(0.0129, 279)	(0.0083, 481)	—	(0.0041, 980)
D2	(0.0069, 579)	(0.0124, 290)	(0.0045, 933)	—

表 2.3 中，T1 行的数值分别表示 T2、D1、D2 芯片对 T1 芯片的耦合热阻抗，即耦合阻抗矩阵[式(2.7)]的第一行，其余行以此类推。从表中的结果可以看出，任意不同的两个芯片，其相互之间的耦合热阻抗基本相同。此外，当芯片尺寸不变时，随着芯片的距离增加，其耦合热阻减小。图 2.9 给出了以 T1 芯片为例，设置 T2 芯片与 T1 芯片不同水平间距时其耦合热阻的变化曲线。

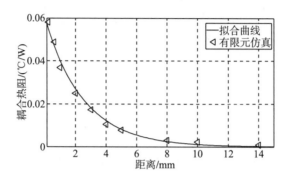

图 2.9　耦合热阻和芯片距离的关系曲线

由图 2.9 可知，随着芯片距离的增加，其芯片间的耦合热阻近似按指数规律递减，且当距离大于 10mm 时，其耦合热阻接近 0，可忽略其耦合结温的影响。对于图 2.1(b)所示整个功率器件，由于每四组 IGBT/FWD 之间的间隔大于 10mm，所以本书基于其中四分之一器件对其芯片热耦合影响及其芯片结温进行研究。因此，在下一节关于模型的验证中，当计算芯片 T1 的结温时，仅考虑周边 D1、D2 和 T2 芯片的热耦合影响；当计算芯片 T2 的结温时，仅考虑 D1～D3 及 T1、T3 芯片对其结温计算的影响。

2.2.4　多芯片热源耦合的改进热网络模型验证

为了验证本章提出的考虑多芯片热源耦合的改进热网络模型的有效性，本节假设给四个 IGBT 和 FWD 芯片施加损耗均值分别为 150W 和 120W 的激励，利用上述提出的改进模型，分别计算了处于边缘位置的 T1 芯片和非边缘位置的 T2 芯片的结温，如图 2.10 所示，图中也列出了有限元计算结果以及未考虑芯片间热耦合的常规热网络模型计算结果。

由图 2.10 可知，本章提出的考虑多芯片热源耦合的改进热网络模型的结果和有限元计算结果基本一致，而常规热网络模型的计算结果由于未考虑多芯片的热耦合影响，其结温计算的平均值和最大值明显减少，进一步验证了 IGBT 器件结温计算中考虑多芯片热源耦合影响的有效性和必要性。此外，常规热网络模型和改进热网络模型的结温差值是由多芯片热源耦合作用所导致，因此其结温差值即为本章定义的耦合结温。由图 2.10(a) 和图 2.10(b) 的对比可知，处于功率器件非边缘位置的 T2 芯片的耦合结温更大，接近 8℃，且多芯片热源耦合仅影响其结温大小，对结温波动幅值和频率几乎不影响。考虑 IGBT 器件内部处于非边缘位置的芯片受热源耦合的影响更为严重的特点，在后续章节的双馈风电机组变流器功率器件结温和耦合结温特性的分析中仅对非边缘位置的 T2 和 D2 芯片进行研究。

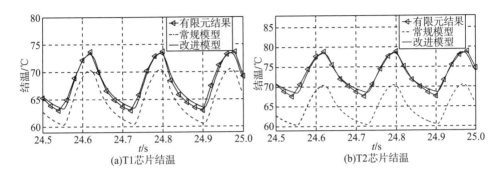

(a)T1芯片结温　　　　　　　　　　　(b)T2芯片结温

图 2.10　不同位置芯片结温结果比较

2.3　双馈风电机组建模及运行特性

2.3.1　双馈风电机组的工作原理

相对于恒速风力发电机，双馈风电机组的优越性在于低速时它能够根据风速的变化，在运行中保持最佳叶尖速比以获得最大风能；高速时利用叶片转速的变化，储存或者释放部分能量，使传输功率更加稳定。就其结构而言，双馈发电机的定子、转子绕组均为三相对称绕组，假设电机的极对数为 p，根据旋转磁场理论，当向定子绕组施以三相对称电压时，会在电机的气隙中形成一个转速为 n_1 的旋转磁场。其中，n_1 称为电机的同步转速，它与电网感应电势频率 f_1 及电机的极对数 p 的关系如下：

$$n_1 = \frac{60 f_1}{p} \tag{2.10}$$

同样地，对于三相对称转子绕组，当通入频率为 f_2 的三相对称电流时，所产生的旋转磁场相对转子本身的旋转速度为

$$n_2 = \frac{60 f_2}{p} \tag{2.11}$$

由式 (2.11) 可知，如果要改变转子磁场的旋转速度，则可通过改变转子电流频率 f_2 来实现。当改变转子电流的相序时，转子旋转磁场相对于转子本身的旋

转方向也会发生改变。因此，当电机转子本身的旋转速度 n 与 n_1、n_2 使式(2.12)成立时，则双馈发电机定子绕组的感应电势频率将维持为 f_1 不变，即可实现并网发电。

$$n \pm n_2 = n_1 = 常数 \tag{2.12}$$

设双馈发电机的转差率为 s，有 $s = (n_1 - n) / n_1$，则其转子绕组内通入的电流频率可表示为

$$f_2 = \frac{pn_2}{60} = \frac{p(n_1 - n)}{60} = \frac{pn_1}{60} \times \frac{n_1 - n}{n_1} = sf_1 \tag{2.13}$$

从式(2.13)可知，当双馈发电机转子的转速发生变化时，为使定子绕组中感应出恒定的 50Hz 电动势，需保证转子绕组的电流频率为 sf_1，即通过控制转子电流的励磁频率和相序来实现双馈发电机的变速恒频发电。

2.3.2　风力机控制特性

根据贝茨理论，风力机输出的机械功率 (P_{turbine}) 与风速之间存在确定的数学关系，其表达式如下：

$$P_{\text{turbine}} = \frac{1}{2} C_p A \rho v^3 \tag{2.14}$$

式中，A 为风力机叶片的扫掠面积；ρ 为空气密度；v 为风速；C_p 为功率系数。C_p 与叶尖速比 λ 和桨距角 β 有关，其函数关系式如下：

$$C_p(\lambda, \beta) = 0.5176 \left(\frac{116}{\lambda_i} - 0.4\beta - 5 \right)^{\frac{-21}{\lambda_i}} + 0.0068\lambda \tag{2.15}$$

式中，$\dfrac{1}{\lambda_i} = \dfrac{1}{\lambda + 0.08\beta} - \dfrac{0.035}{\beta^3 + 1}$，其中，$\lambda$ 与风力机风轮角速度 ω_{T}、叶片半径 R_{T} 的关系式如下：

$$\lambda = \frac{\omega_{\text{T}} R_{\text{T}}}{v} \tag{2.16}$$

风力机的上述机械特性是风电机组控制策略的基础，目前普遍采用最大功率点跟踪(MPPT)控制策略以提高风能的利用效率，即通过控制发电机输出功率来控制机组转速，以便在风速变化时保持最佳叶尖速比。但是，这样也会使风电机组的输出功率随风速变化产生较大波动，导致电网频率波动增大，电压波动增大，降低功率变流装置的可靠性。

通常，根据风速的不同，双馈风电机组运行区域可分为起动区、最大风能捕获区、恒转速区和恒功率区，如图 2.11 所示。

图 2.11 中，P_n 为机组额定输出功率，$v_{\text{cut\_in}}$ 为切入风速；v_{syn} 为机组处于同步点运行时对应的风速；$v_{\text{const\_nr}}$ 为机组切入恒转速运行区域对应的风速；v_{rated} 为额

定风速；v_{cut_out} 为切出风速。在 A 点以前，风力机不允许并网发电，此时通过变桨距调节使风力发电机转速保持在最小转速值。

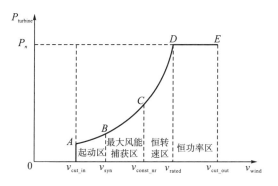

图 2.11　双馈风机输出功率曲线

(1)在起动区(AB 段)，该运行区域的主要目标是实现发电机的并网控制。并网中风力机控制子系统通过变桨距系统改变桨距角来调节机组的转速，使其保持恒定或在一个允许的范围内变化；发电机控制子系统则通过调节其定子电压，使其满足并网条件。

(2)在最大风能捕获区(BC 段)，风电机组已并网运行，风力机桨距角处于不调节的定桨距运行状态。该区域实行最大功率点跟踪控制，变流器通过控制输出的功率来改变风力机的转速进而跟踪风速变化，使得叶尖速比保持最佳值，以确保风力机的风能利用系数始终保持最大值。

(3)在恒转速区(CD 段)，风电机组已达设计的额定转速值。为避免因转速过高带来严重的机械应力，需要将变流器由功率控制模式切换到转速控制模式，使发电机保持恒定转速运行；同时，输出功率则随着风速的增大而增大，直到输出额定功率。

(4)在恒功率区(DE 段)，风力机的输出功率随着风速的增大而不再增大，并达到其功率极限。此时需通过变桨距系统控制使发电机保持恒转速和额定功率运行状态。

综上所述，在不同运行区域实施不同的控制策略，可使双馈风电机组运行在最大风能捕获区、恒转速区和恒功率区，实现双馈风电机组变速恒频运行。

2.3.3　双馈风电机组运行特性分析

在不同的运行区域，双馈风电机组的运行特性也有各自的特征。基于双馈风电机组模型，本节分析了某 2MW 双馈风电机组在不同风速下的运行特性，为后面变流器功率器件的损耗、结温特性分析奠定了基础。其中，不同风速下双馈发电机转速、机侧变流器运行频率与风速的关系，以及转子有功功率、定子有功功率、网侧变流器电流、机侧变流器电流与转速的关系分别如图 2.12(a)～图 2.12(f)所示。

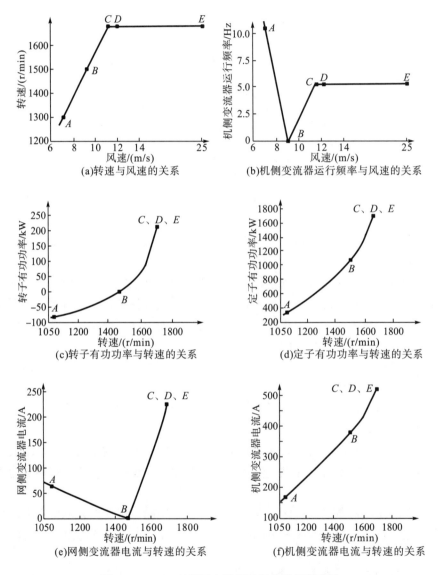

图 2.12　2MW 双馈风电机组运行特性仿真曲线

　　从图 2.12(a)～(b)中可以看出，在 *AC* 段，双馈发电机转速及机侧变流器运行频率随风速的变化而变化，达到额定风速之后(*CE* 段)，二者均已达稳态额定值，不再随风速变化。此外，由图 2.12 (c) 可知，在 *AB* 段，DFIG 处于次同步运行状态，转子消耗有功功率；在 *BE* 段，转子发出有功功率，且在 *B* 点，无功励磁电流流入转子，而此时转子有功功率为零。由图 2.12 (d) 可知，在 *AC* 段，定子有功功率随转速的上升而逐渐增大；在 *CE* 段，由于恒功率控制，定子有功功率保持不变。图 2.12 (e) 中，网侧变流器电流在 *AB* 段随转速的上升而逐渐减小，在 *BC* 段随转速的上升而逐渐增大，在 *CE* 段保持不变。另外，由图 2.12 (f) 可知，在 *AC* 段，机侧变流器电流随着转速的上升而逐渐增大，而在 *CE* 段机侧变流器电流保持不变。

2.4　双馈风电变流器 IGBT 器件应力计算与特性分析

2.4.1　机侧及网侧变流器 IGBT 器件的损耗计算方法

在分析双馈风电变流器 IGBT 器件的结温之前，本节基于前面所分析的双馈风电变流器 IGBT 器件电热耦合特性，以某 2MW 双馈风电机组(参数见附录 B)机侧及网侧变流器 IGBT 器件为例，首先对机组在额定风速下 IGBT 器件的损耗特性进行分析，其次对全工况下 IGBT 器件的损耗变化规律进行分析。

为了准确计算变流器 IGBT 器件的损耗，本章采取基于开关周期的损耗分析方法。导通损耗是指 IGBT 导通过程中，由于导通压降而产生的损耗。IGBT 器件的 IGBT 导通压降和 FWD 正向压降分别如下公式所示[24]。

$$V_{CE} = [r_{CE\_25℃} + K_{r\_I}(T_{j\_I} - 25℃)]i + [V_{CE\_25℃} + K_{v\_I}(T_{j\_I} - 25℃)] \tag{2.17}$$

$$V_F = [r_{F\_25℃} + K_{r\_D}(T_{j\_D} - 25℃)]i + [V_{F\_25℃} + K_{v\_D}(T_{j\_D} - 25℃)] \tag{2.18}$$

式中，V_{CE} 和 V_F 分别为 IGBT 的实际导通压降和 FWD 的正向压降；$r_{CE\_25℃}$ 和 $r_{F\_25℃}$ 分别为 IGBT 和 FWD 在 25℃时的额定导通电阻；$V_{CE\_25℃}$ 和 $V_{F\_25℃}$ 分别为 IGBT 和 FWD 在 25℃时的额定导通压降；T_{j_I} 和 T_{j_D} 分别为 IGBT 和 FWD 的结温；K_{r_I} 和 K_{r_D} 分别为 IGBT 和 FWD 导通电阻的温度系数；K_{v_I} 和 K_{v_D} 分别为 IGBT 和 FWD 导通压降的温度系数；i 为 PWM 逆变器的输出电流。

器件导通特性可以分别用下面的线性公式近似描述。在器件导通期间，其 IGBT 与 FWD 的导通损耗 P_{Ic} 与 P_{Fc} 可表示为

$$P_{Ic} = \begin{cases} \delta(t) \cdot V_{CE} \cdot i(t), & i(t) > 0 \\ 0, & i(t) \leqslant 0 \end{cases} \tag{2.19}$$

$$P_{Fc} = \begin{cases} [1 - \delta(t)] \cdot V_F \cdot i(t), & i(t) > 0 \\ 0, & i(t) \leqslant 0 \end{cases} \tag{2.20}$$

式中，$i(t)$ 为变流器输出电流；$\delta(t)$ 为占空比，其计算如下：

$$\delta(t) = \frac{1 \pm m \cdot \sin(\omega t + \phi)}{2} \tag{2.21}$$

式中，"+"或"−"分别用于机侧变流器逆变或整流模式；m 为调制度；ω 为角频率；ϕ 为交流电压和电流基波分量之间的相位角。IGBT 与 FWD 的开关损耗 P_{Is} 与 P_{Fs} 可表示为

$$P_{\text{Is}} = \begin{cases} f_{\text{s}} \cdot (E_{\text{on}} + E_{\text{off}}) \cdot \dfrac{V_{\text{dc}} \cdot i(t)}{V_{\text{n}} \cdot I_{\text{n}}}, & i(t) > 0 \\[2mm] 0, & i(t) \leqslant 0 \end{cases} \tag{2.22}$$

$$P_{\text{Fs}} = \begin{cases} f_{\text{s}} \cdot (E_{\text{rec}}) \cdot \dfrac{V_{\text{dc}} \cdot i(t)}{V_{\text{n}} \cdot I_{\text{n}}}, & i(t) > 0 \\[2mm] 0, & i(t) \leqslant 0 \end{cases} \tag{2.23}$$

式中，f_{s} 为开关频率；E_{on}、E_{off} 分别为 IGBT 在额定条件下的单位开通、关断损耗；V_{dc} 为变流器直流侧电压；V_{n}、I_{n} 分别为额定电压和电流；E_{rec} 为 FWD 在额定条件下的单位反向恢复损耗。

因此，单个 IGBT 与 FWD 的总损耗可表示为

$$P_{\text{I}} = P_{\text{Ic}} + P_{\text{Is}} \tag{2.24}$$

$$P_{\text{F}} = P_{\text{Fc}} + P_{\text{Fs}} \tag{2.25}$$

当双馈风电机组发出的功率为额定值时，机侧和网侧变流器中 IGBT 及 FWD 的损耗分布情况如图 2.13 所示。

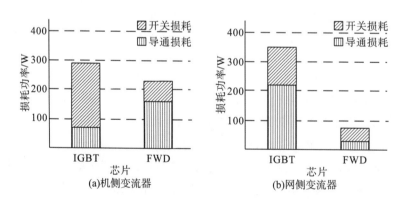

图 2.13   双馈风电变流器功率器件 IGBT 及 FWD 芯片损耗分布

对比图 2.13 可知，IGBT 的开关损耗远大于 FWD 的开关损耗；而导通损耗与变流器的工作模式相关，当变流器运行于整流模式时，IGBT 的导通损耗小于 FWD 的导通损耗，当变流器运行于逆变模式时，IGBT 的导通损耗大于 FWD 的导通损耗。

2.4.2　双馈风电变流器 IGBT 器件改进结温计算模型

结温计算是提高风电变流器状态监测和可靠性评估水平的有效手段。为了更准确地计算与分析双馈风电机组变流器 IGBT 器件的结温,本章考虑变流器功率器件多芯片并联的实际结构,利用前面建立的多芯片热源耦合改进热网络模型,得到双馈风电机组变流器 IGBT 器件的改进结温计算模型流程如图 2.14 所示。

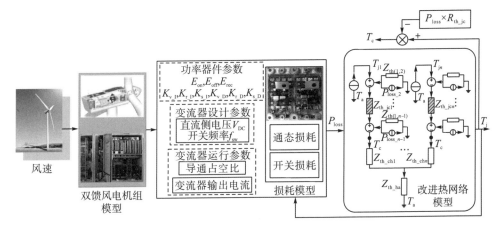

图 2.14　双馈风电机组变流器 IGBT 器件改进结温计算模型流程

从上图可知,双馈风电机组变流器 IGBT 器件改进结温计算模型流程主要如下:首先,基于厂商提供的 IGBT 器件测试数据及有限元仿真方法,提取其导通损耗、开关损耗等损耗参数及耦合热阻抗参数。其次,根据风速输入和双馈风电机组动态模型,计算双馈风电机组变流器的运行参数。再次,结合变流器设计参数计算风电变流器不同运行工况下的 IGBT 器件损耗。最后,考虑功率损耗受结温的影响,利用前述 IGBT 器件内部芯片结构和材料参数,基于电力电子热分析软件 PLECS,建立 2MW 双馈风电机组变流器 IGBT 器件的改进结温计算模型,并分析双馈风电机组机侧和网侧变流器功率器件 IGBT 和 FWD 的损耗、结温以及耦合结温的变化规律。

2.4.3　机侧及网侧变流器 IGBT 器件结温及热耦合分析

当选取额定风速为 12m/s 稳定运行时,利用上述建立的双馈风电变流器 IGBT 器件改进结温计算模型,选取 IGBT 器件内部处于非边缘位置的 T2 和 D2 芯片进行仿真研究,得到 2MW 双馈风电机组机侧和网侧变流器 IGBT(T2 芯片)器件和

FWD（D2 芯片）的结温特性如图 2.15 所示，图中也给出了未考虑多芯片热源耦合影响的常规结温计算结果。

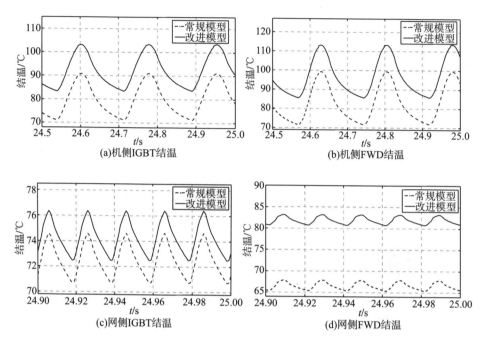

图 2.15　机侧和网侧变流器 IGBT 器件和 FWD 结温特性比较

从图 2.15 可以看出，IGBT 器件结温的变化十分迅速，尤其是网侧变流器的 IGBT 器件。这是由于组成芯片的硅材料的热时间常数通常非常小，只有几毫秒左右，焊层和 DBC 层的时间常数为几十毫秒，而基板层的时间常数通常在几百毫秒左右，散热器的热时间常数则更大。此外，无论是机侧还是网侧变流器功率器件，与常规计算模型结果比较，本章采用的改进模型得到的结温均值及幅值都要更大，进一步验证了考虑多芯片热源耦合影响的风电变流器 IGBT 器件结温计算的必要性。从图中还可以看出，当风电机组在额定运行工况时，机侧和网侧变流器 IGBT 器件的结温波动频率与其输出频率一致，这不仅证实了 IGBT 稳态结温变化由输出电流频率决定的本质规律，而且也间接表明了所提出改进结温计算模型的正确性。通过改进和常规模型计算结果的比较可以发现，网侧变流器 FWD 的耦合结温较大，约为 15℃。因为额定运行时，网侧变流器处于逆变模式，其 IGBT 损耗远大于 FWD 损耗（图 2.16），导致 FWD 受 IGBT 发热影响较为严重，说明在同一运行工况下，机侧和网侧不同芯片的结温受热耦合的影响是不同的。此外，机侧和网侧相应的功率器件损耗不同（图 2.16），导致结温大小有所差异，特别是机侧输出电流频率低于网侧输出频率，导致机侧变流器 IGBT 或 FWD 结温波动

(19.5℃，28℃)明显大于网侧结温波动(4℃，3℃)，这也是双馈风电机组机侧变流器的可靠性更值得关注的主要原因。

2.4.4 不同运行工况下双馈变流器 IGBT 器件的损耗及耦合结温分析

双馈风电机组在不同风速下运行时，机侧和网侧变流器中 IGBT 器件的损耗分布情况如图 2.16 所示。

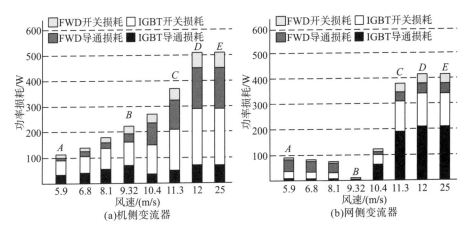

图 2.16 不同风速下双馈风电变流器 IGBT 器件的损耗分布

由图 2.16(a)可知，全运行工况下，机侧变流器 IGBT 器件的总损耗随风速的增大而逐渐上升，在 D 点达到最大值。此外，在 AB 段，即机组在亚同步或同步状态下运行时，机侧变流器 IGBT 的总损耗远大于 FWD 的总损耗。在 BE 段，即机组在超同步状态下运行时，机侧变流器工作于整流模式，IGBT 与 FWD 的总损耗相差较小。

由图 2.16(b)可知，在 AB 段，网侧变流器 IGBT 器件的损耗随着风速的增大而减小；在 B 点，网侧变流器 IGBT 器件的损耗最小。在 BE 段，网侧变流器 IGBT 器件的损耗随着风速的增大而增大，在额定风速点达到最大值。此外，由图 2.16(b)还可知，B 点下网侧变流器 IGBT 器件的损耗并不为零，其原因是：虽然此时机侧变流器输出电流的基波分量为零，但开关纹波电流依然存在，因此存在较小的由开关纹波电流产生的损耗。

为进一步分析不同工况下机侧和网侧 IGBT 器件多芯片热源耦合对结温的影响规律，本节通过设置不同的风速大小，计算机侧和网侧变流器功率器件中 T2、D2 芯片的耦合结温，如图 2.17 所示。

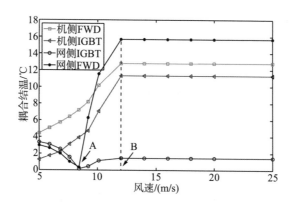

图 2.17　不同风速下双馈风电变流器 IGBT 器件耦合结温特性曲线

从图 2.17 可以看出，耦合结温变化趋势与对应功率器件的损耗变化趋势类似，这也进一步反映了功率器件内部多芯片耦合结温是受其损耗热源影响的本质。另外，从图 2.17 还可以看出，不同运行工况下机侧和网侧功率器件的耦合结温是不同的，特别是在额定风速以上，耦合结温都达到最大值，且网侧变流器 FWD 的耦合结温最大，其次是机侧 FWD 和 IGBT 的耦合结温。

2.4.5　实际风电机组变流器壳温验证

为了进一步验证所建立的风电变流器功率器件改进结温计算模型的准确性，本章通过计算双馈风电机组机侧变流器功率器件结温对应的壳温，并与某实际 H93-2MW 双馈风电机组机侧变流器功率器件芯片正下方底板位置的壳温测试结果进行对比验证。将改进结温计算模型得到的壳温与某实际变流器额定运行时（风速为 12m/s）不同采样时刻，以及全风速下六十秒平均风速对应的实测壳温数据对比分析，如图 2.18 所示。

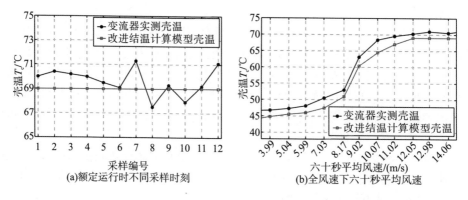

图 2.18　2MW 双馈风电机侧变流器功率器件壳温测试与仿真对比

从图 2.18(a) 可以看出, 改进结温计算模型的结果与实际额定工况下的壳温结果基本吻合。其中, 变流器功率器件壳温测试结果出现小幅波动的原因是, 不同采样时刻的输出功率不是完全严格相同的额定功率, 会受实际风速波动的影响, 而本章计算结果采用的激励源则选择固定不变的额定功率。另外, 从图 2.18(b) 进一步可以看出, 在风电机组全风速运行工况下, 风电变流器功率器件的实测壳温随着风速的增大逐渐上升, 且达到额定风速时趋于稳定。并且, 无论是额定工况还是全风速工况, 提出的改进模型的计算结果都比较接近实测结果, 进一步验证了所提考虑多芯片热源耦合的改进结温计算模型的有效性。

2.5 本 章 小 结

本章从实际 2MW 双馈风电机组变流器 IGBT 器件结构和材料出发, 通过有限元方法分析 IGBT 器件内部多芯片的稳态耦合热分布, 并利用某实际双馈风电机组壳温数据验证了其有限元模型的有效性。基于集总参数法, 建立考虑芯片间热耦合影响的变流器 IGBT 器件改进热网络模型。通过 ANSYS/MATLAB 软件获取耦合热阻抗参数, 并进一步与相同损耗下的有限元模型以及常规热网络模型的结果进行对比分析。在此基础上, 结合双馈风电机组的控制特性, 建立双馈风电机组变流器 IGBT 器件的改进结温计算模型, 分别对不同运行工况下双馈风电机组的机侧和网侧变流器功率器件的损耗、结温及其耦合结温进行比较分析, 并和实际风场同型号的风电变流器功率器件壳温实测结果进行对比分析。所得的主要结论如下:

(1) 多芯片 IGBT 器件内部芯片热源之间相互耦合, 影响功率器件的结温准确计算。同时, 在计算 IGBT 器件内部芯片的结温时, 与边缘位置芯片相比, 更需要考虑处于非边缘位置芯片的结温受周边热源的耦合影响。芯片间的热耦合作用与芯片间距有关, 随着芯片间距的增大而减小。当芯片间距大于 10mm 时, 结温计算可忽略其热耦合因素的影响。

(2) 通过与风电机组变流器实测壳温数据的对比分析, 得知现有常规计算模型得到的结温结果偏小, 而本章考虑多芯片热源耦合的改进热网络模型能很好地反映双馈风电机组变流器功率器件内部多芯片热源的影响。

(3) 双馈风电机组网侧变流器损耗随风速的增加先减小后增大, 在同步转速点对应的风速处最小。机侧变流器损耗随风速增大而增大, 达额定风速后损耗趋于稳定。机侧变流器功率器件的结温波动大于网侧变流器, 相应的耦合结温与机组运行工况密切相关, 变化规律与其损耗特性类似; 在额定风速以上时, 耦合结温都达到最大值, 且网侧变流器 FWD 的耦合结温最大, 其次是机侧 FWD 和 IGBT 的耦合结温。

第 3 章　双馈风电变流器 IGBT 器件动态均流及应力特性分析

随着大功率风电机组功率等级的增加,IGBT 器件作为风电变流器实现换流的关键开关器件,其电压与电流等级也逐渐增高。为了满足功率器件功率等级的要求,常常采用多芯片并联的方式,在开关动态过程中并联芯片间存在不均流的现象,而杂散参数是导致并联芯片不均流的主要原因,因此在分析风电变流器 IGBT 器件应力时,有必要考虑杂散电感影响的并联芯片间均流问题。

本章针对 IGBT 功率器件内部封装杂散参数提取困难,难以准确评估杂散电感对模块内各并联芯片动态电流分布影响规律的问题进行探讨。首先,对 IGBT 的工作原理进行介绍,基于 IGBT 功率器件结构,建立了器件内部封装杂散电感模型,并对其开关特性进行分析,进一步提出详细等效电路模型,分析封装杂散电感对各并联芯片并联均流的影响。其次,通过计算开通电流变化率,推导得到各并联芯片杂散参数分布和开通损耗之间的函数关系,提出一种考虑杂散参数影响 IGBT 器件内部动态结温计算的方法。最后,以某 1.5MW 风电机组为例,仿真得到器件内部在实际运行工况下的结温分布规律,并与传统结温计算方法结果进行比较。

3.1　风电变流器 IGBT 功率器件封装结构及其工作原理

3.1.1　风电变流器 IGBT 功率器件封装结构

本节以某 1.5MW 风电变流器的 IGBT 器件(型号 FF450R17ME4)为对象开展研究。风电变流器如图 3.1(a)所示,由两组三相全桥电路并联而成,每相由一个半桥 IGBT 器件及其驱动电路板组成,图 3.1(b)为该半桥器件的实物图,上下桥臂分别由三个 IGBT 芯片并联构成,且每个芯片反并联一个续流二极管。包括直流侧输入功率端子 P、N,交流侧输出功率端子 AC(alternating current,交流),门极和辅助发射极引出端子 G、E。

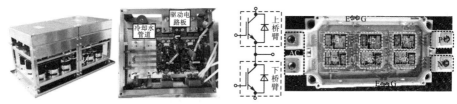

(a)某双馈风电机侧变流器及其内部结构　　　　　　(b)IGBT器件实物图

图 3.1　双馈风电变流器及其 IGBT 器件内部结构

3.1.2　IGBT 工作原理

本节采用的 IGBT 器件为英飞凌公司生产的 450A/1700V 等级器件,使用了英飞凌公司目前最先进的 N 沟道/场截止(FS)第 4 代 IGBT 芯片技术,具有正温度系数,利于并联芯片静态均流。IGBT 可以看作是一个构建在 P 型衬底上的 N 沟道功率 MOSFET(metal-oxide-semiconductor field effect transistor,金属-氧化物-半导体场效应晶体管),其截面图如图 3.2 所示。

IGBT 器件的工作方式和功率 MOSFET 非常相似。如果在 IGBT 的集电极-发射极之间施加反压,那么器件呈现阻断状态。在门极和发射极施加正压时,电子从基区流向门极;若该正压到达或超过阈值电压,就会在门极下方的 P 型半导体区内产生一条 N 沟道,此沟道联通漂移区 N–和缓冲区 N+。这种电子吸引空穴从 P 型衬底经过漂移区到达集电极的过程,使得 IGBT 导通。与传统的非穿通型 IGBT 相比,这种通过在 P 型衬底与集电极施加一个 N 型掺杂,使加在缓冲区的电场迅速减少,进而使 IGBT 具有很低的饱和压降的模式,适合应用于大功率集成模块。其等效电路如图 3.3 所示,可看作达林顿连接[N 沟道功率(MOSFET)驱动一个大衬底 PNP 双极晶体管],其中 C_{GC}、C_{GE}、C_{CE} 为 IGBT 寄生电容。

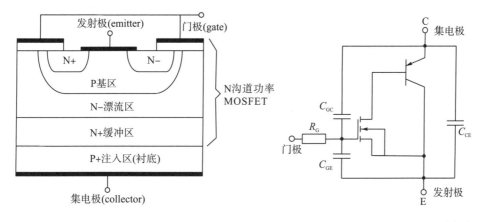

图 3.2　N 沟道 IGBT 横截面　　　图 3.3　带寄生电容的 IGBT 简化等效电路图

3.2 封装杂散电感对 IGBT 动态特性的影响

3.2.1 考虑封装杂散参数的 IGBT 功率器件模型

为了准确分析杂散电感对动态特性的影响，首先需要对 IGBT 功率器件进行建模。功率器件工作过程分别存在上、下桥臂两种导通方式，这里以下桥臂 IGBT 开关动态为例进行分析，此时上桥臂二极管作为续流回路。在传统功率器件中，封装杂散电感主要由以下几部分组成：①DBC 上的电流回路；②芯片上表面的键合线；③功率连接端子，传统功率器件内部各部分寄生电感典型值见表 3.1。

表 3.1 传统功率器件内部各部分寄生电感典型值

	DBC 发射极走线	DBC 集电极走线	键合线	功率连接端子
寄生电感/nH	5～7	4～5	10～15	30～40

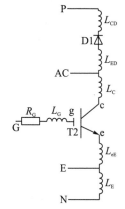

图 3.4 考虑封装杂散电感的 IGBT 功率器件电路模型

基于上节功率器件物理结构，建立如图 3.4 所示考虑封装杂散电感的 IGBT 功率器件电路模型。图中，R_G 为器件内部门极电阻；L_G 为门极电感；L_C 为功率连接端子到芯片集电极的杂散电感；由于采用 Kelvin(开尔文)端子作为发射极引出端子用作驱动回路使用，因此芯片发射极到功率连接端子间由两部分构成，L_{eE} 为共发射极杂散电感，主功率回路与驱动回路共同使用，L_E 为 Kelvin 端子到功率连接端子的电感，用作功率回路；L_{CD} 为上桥臂二极管发射极电感；由于二极管续流过程中主要受加在其两端的电压影响，因此其集电极电感为 L_{ED}，不存在辅助端子的影响。

3.2.2 IGBT 功率器件动态特性

由以上对功率器件封装杂散电感的建模及 IGBT 等效电路，可以构建器件动态测试等效电路，研究其开通特性。IGBT 的开通动态过程与其驱动回路相关，如图 3.5(a) 所示为其开通等效电路，IGBT 等效为三个极电容 C_{ge}、C_{gc} 和 C_{ce2}，续流二极管等效为一个寄生电容 C_{ce1}。

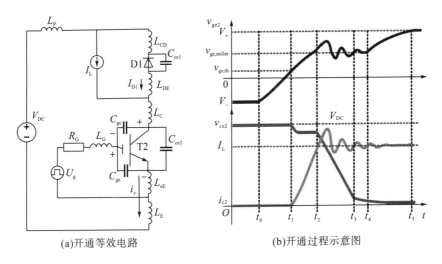

(a)开通等效电路　　　　　　　(b)开通过程示意图

图 3.5　IGBT 开通过程等效示意图

IGBT 寄生电容随 IGBT 集电极-发射极电压变化，具有很大的非线性，为了简化分析，对寄生电容采用分段近似，即在开通过程中的不同阶段将寄生电容近似为一固定值[71]。由表 3.2 可见，IGBT 的工作区域可以分为截止区、线性区和饱和区，其中 $C_{ce2,L} \ll C_{ce2,H}$，$C_{gc,L} \ll C_{gc,H}$。

表 3.2　IGBT 工作区域寄生电容值

时间段	$t_0 \sim t_1$	$t_1 \sim t_2$	$t_2 \sim t_3$	$t_3 \sim t_4$	$t_4 \sim t_5$
IGBT 工作区域	截止区	线性区	线性区	线性区	饱和区
C_{ce2}	$C_{ce2,L}$	$C_{ce2,H}$	$C_{ce2,H}$	$C_{ce2,H}$	$C_{ce2,L}$
C_{gc}	$C_{gc,L}$	$C_{gc,H}$	$C_{gc,H}$	$C_{gc,H}$	$C_{gc,L}$
C_{ge}	C_{ge}	C_{ge}	C_{ge}	C_{ge}	C_{ge}

注：$C_{ce2,L}$、$C_{ce2,H}$、$C_{gc,L}$、$C_{gc,H}$ 表示在 IGBT 开通过程时间段中可以测量得到的寄生电容值，下标 L、H 分别代表低值和高值。

图 3.5(b)所示为其开通过程波形，大致可以分为五个阶段。

(1)阶段 I ($t_0 \sim t_1$)：开通延迟阶段

驱动电压 U_g 由负压迅速上升至正向驱动电压，对 IGBT 输入电容 C_{ge}、C_{gc} 开始充电，加在门极两端的电压 U_{ge} 在 t_1 时刻上升至阈值电压 U_{th}，此阶段 IGBT 处于截止区未导通，无集电极电流产生。

(2)阶段 II ($t_1 \sim t_2$)：集电极电流 i_c 上升

此阶段，IGBT 芯片门-发射极两端电压 $v_{ge}(t)$ 超过了其导通阈值电压 U_{th} 从而进入线性区，开始产生集电极电流 $i_c(t)$ 并达到负载电流 I_L；而续流二极管 D1 仍然在导通部分负载电流并逐渐至零，因此二极管此阶段不承受反压，直流电压 V_{DC} 加在 T2 两端。

集电极电流可表达为

$$i_c(t) = \frac{K_P}{2}\left[v_{ge}(t) - U_{th}\right]^2 \tag{3.1}$$

式中，K_P 为器件内部等效功率 MOSFET 的导电系数，可视为常数。驱动回路满足如下表达式：

$$U_g = R_G(C_{ge} + C_{gc,L})\frac{dv_{ge}(t)}{dt} + L_g C_{ge}\frac{d^2 v_{ge}(t)}{dt^2} - R_G C_{gc,L}\frac{dv_{ce}(t)}{dt} + L_{eE}\frac{di_c}{dt} + v_{ge}(t) \tag{3.2}$$

主功率回路满足如下方程：

$$\begin{cases} V_{DC} = (L_p + L_m)\dfrac{di_c}{dt} + v_{ce2}(t) \\ L_m = L_{CD} + L_{DC} + L_C + L_E + L_{eE} \end{cases} \tag{3.3}$$

式中，L_m 为功率器件内部等效杂散电感；L_p 为线路杂散参数。可以看出由于此阶段电流线性上升，加在 IGBT 两端的电压 $v_{ce2}(t)$ 保持不变，直流电压在杂散电感上存在压降。因此，式(3.2)可以调整为

$$U_g = R_G C_{ge}\frac{dv_{ge}(t)}{dt} + L_g C_{ge}\frac{d^2 v_{ge}(t)}{dt^2} + L_{eE}\frac{di_c}{dt} + v_{ge}(t) \tag{3.4}$$

可以发现门极电压 $v_{ge}(t)$ 除了与驱动回路参数相关还与主功率回路的阻抗参数有关。由于功率回路负载电流较大、上升时间短，因此器件内部门极与功率回路耦合电感 L_{eE} 对驱动电压 v_{ge} 影响不可忽略。

(3)阶段Ⅲ（$t_2 \sim t_3$）：集电极-发射极电压 v_{ce2} 迅速下降阶段

初始时，IGBT 集电极电流 i_{c2} 达到负载电流 I_L，上桥臂二极管 D1 开始承受反压，IGBT 集电极-发射极电压 v_{ce2} 开始下降。

此阶段为线性区，驱动回路方程仍然满足式(3.4)，门极电压 $v_{ge}(t)$ 进入米勒平台阶段，基本保持不变。然而，功率电流由于二极管的反向恢复特性和集电极-发射极电压 v_{ce2} 的快速变化，输出电容上流过的电流不能忽略，功率电流需改写为

$$i_c(t) = i_{c1}(t) + I_L = \frac{K_P}{2}\left[v_{ge}(t) - U_{th}\right]^2 + C_{ce2,L}\frac{dv_{ce2}(t)}{dt} + C_{ce2,H}\frac{dv_{ce1}(t)}{dt} \tag{3.5}$$

该过程中，主功率回路电压满足：

$$V_{DC} = (L_p + L_m)\frac{di_c}{dt} + v_{ce2}(t) + v_{ce1}(t) \tag{3.6}$$

由此可以看出，主功率回路电流相较于第Ⅱ阶段，由于上桥臂二极管的反向恢复特性使得 IGBT 存在电流过冲，但随着输出电容上流过反向电流的增加，功率电流最终达到负载电流 I_L 不变。

(4)阶段Ⅳ($t_3 \sim t_4$)：集电极-发射极电压 v_{ce2} 缓慢下降阶段

此阶段仍然满足上一阶段的电路关系，此时加在 IGBT 两端的电压开始缓慢下降，形成一个拖尾的过程，二极管两端电压 v_{ce1} 基本保持不变，由式(3.5)可知此阶段主功率电流基本保持不变。

(5)阶段 V ($t_4 \sim t_5$)：门极电压上升至驱动电压

此阶段 IGBT 进入饱和区，因此 v_{ce2} 的变化在此阶段很小，可以忽略不计；门极电压 $v_{ge}(t)$ 在 RC 充电电路作用下继续上升至 V；最后时刻 IGBT 进入开通稳态。

由以上对模块封装杂散电感在开通动态过程中的影响分析可知，电流上升变化主要发生在第Ⅱ阶段和第Ⅲ阶段前半段，此时功率电流在驱动回路的发射极电感上会产生较大的反向压降，影响开通速度。对于多芯片并联而言，驱动电路参数不变，因此各芯片支路驱动回路与功率回路耦合电感 L_{eE} 的差异是影响并联芯片间开通电流分布的主要原因。

IGBT 关断特性与开通过程相似，本章节不做详细介绍。

3.2.3　封装杂散电感对器件内各芯片并联均流的影响

为了详细分析IGBT 器件内门极与功率回路耦合电感L_{eE}对并联芯片间动态均流的影响，根据图 3.1(b)IGBT 器件内部布线的物理结构，基于上、下桥臂两种导通工作模式，分别构建了上、下桥臂线路杂散电感等效电路模型。图 3.6 所示为IGBT 器件导通路径及其对应耦合电感L_{eE}放大电路，其中 L_b 为发射极到铜基板键合引线的电感，L_σ 为并联芯片间铜基板上的电感，L_{gr} 为门极驱动引出端子电感，由于布局的对称性，这里假设大小相等。

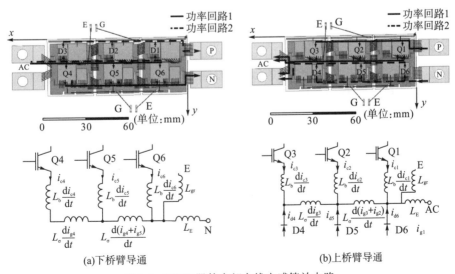

(a)下桥臂导通　　　　　　　　　(b)上桥臂导通

图 3.6　IGBT 器件内部布线电感等效电路

可以看出 L_b、L_σ 不仅存在于门极回路中，同样存在于功率回路中，由式(3.2)可得并联芯片间各驱动回路电流 I 与驱动电压 U_{ge} 满足：

$$U_{ge} = U_G - I_g R_G - L\frac{dI}{dt} = U_G - I_g R_G - \Delta V_{ge} \qquad (3.7)$$

其中电感矩阵 L 为驱动回路杂散电感，其可划分为两个部分，第一部分对应各芯片门极驱动电流 I_g 流过路径的电感；第二部分对应各芯片功率回路电流 I_c 流过路径电感。因此，下桥臂在开通过程中各支路杂散电感产生的感应电压可表达为式(3.8)，为了分析便利，这里忽略互感作用，主要考虑自感的影响，对角线 L_{g4}、L_{g5}、L_{g6} 是门极驱动路径对应的自感。

$$\Delta V_{GE\_L} = \begin{bmatrix} \Delta V_{ge4} \\ \Delta V_{ge5} \\ \Delta V_{ge6} \end{bmatrix} = \begin{bmatrix} L_{g4} & 0 & 0 \\ 0 & L_{g5} & 0 \\ 0 & 0 & L_{g6} \end{bmatrix} \times \Delta \begin{bmatrix} i_{g4} \\ i_{g5} \\ i_{g6} \end{bmatrix} + \begin{bmatrix} L_b + 2L_\sigma & 0 & 0 \\ 0 & L_b + L_\sigma & 0 \\ 0 & 0 & L_b \end{bmatrix} \times \Delta \begin{bmatrix} i_{c4} \\ i_{c5} \\ i_{c6} \end{bmatrix} \qquad (3.8)$$

由于在实际应用中功率电流变化率 dI_c/dt 可达到约 3000A/μs，因此相对于第一部分门极电感的影响，第二部分与功率回路耦合的驱动回路电感是影响电压 ΔV_{ge} 的主要原因。从式(3.8)中可以看出，由于 Q6 所在功率回路与门极回路耦合电感最小，因此产生的门极压降 ΔV_{ge6} 更小，对应门极驱动电压 U_{ge6} 越大，由式(3.1)可知其所对应开通电流越大，开通电流变化率也越大。而 Q4 对应门极压降 ΔV_{ge4} 最大，因此门极驱动电压 U_{ge4} 最小，开通电流变化率最小。开通过程中电流变化率的不同，导致并联芯片间存在不均流的现象。

上桥臂导通如图 3.6(b)所示，导通分析方式与下桥臂相同，但与电流分布情况不同的是，当上桥臂处于导通第 Ⅱ 阶段初始时，下桥臂二极管处于续流阶段，其电流 I_D 流经上桥臂驱动回路路径，随着导通电流 I_c 的增加，续流二极管的电流 I_D 逐渐减少直至为零，二者之和始终等于负载电流 I_L。因此当上桥臂 IGBT 导通发生电流换向时，功率电流 I_c 突变并不会在功率回路杂散电感上产生反向电压，其杂散电感感应电压可表示为

$$\Delta V_{GE\_H} = \begin{bmatrix} \Delta V_{ge1} \\ \Delta V_{ge2} \\ \Delta V_{ge3} \end{bmatrix} = \begin{bmatrix} L_{g1} & 0 & 0 \\ 0 & L_{g2} & 0 \\ 0 & 0 & L_{g3} \end{bmatrix} \times \Delta \begin{bmatrix} i_{g1} \\ i_{g2} \\ i_{g3} \end{bmatrix} + \begin{bmatrix} L_b & 0 & 0 \\ 0 & L_b & 0 \\ 0 & 0 & L_b \end{bmatrix} \times \Delta \begin{bmatrix} i_{c1} \\ i_{c2} \\ i_{c3} \end{bmatrix} \qquad (3.9)$$

对比式(3.8)和式(3.9)可以发现，与下桥臂相比，上桥臂开通过程中杂散电感在门极回路中产生的反向压降ΔV_{ge} 更小、分布更均匀，并联芯片间门极电压 U_{ge} 差异较小，均流效果更好。

3.3　计及杂散电感的功率器件等效电路建模及验证

3.3.1　功率器件有限元建模及杂散参数提取

目前，在功率器件布局设计中，为了提取器件布局的寄生电感，一般采用有限元分析（finite element analysis，FEA）和矩量法（moment method，MoM）进行电磁场模拟并提取设计结构的杂散参数。ANSYS/Q3D 仿真软件被普遍应用于功率器件产品封装设计，对封装杂散参数的提取具有较高的精度。因此，本书采用该软件进行封装杂散参数的提取，其主要步骤包括有限元几何模型的建立、路径结构的划分及设置求解类型，具体操作步骤如下。

1. 建立功率器件的几何模型

在 ANSYS/Q3D 仿真软件中根据器件物理结构及材料属性，建立了 IGBT 器件有限元仿真模型，如图 3.7 所示，其中具体尺寸参数见表 3.3。

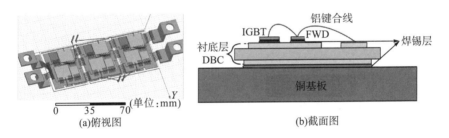

(a)俯视图　　　　　　(b)截面图

图 3.7　IGBT 功率器件 3D 有限元模型

表 3.3　IGBT 器件内部组件尺寸参数

IGBT 器件内部组件	材料	相对介电常数	相对磁导率	损耗角/rad	体电导率/(S/m)	尺寸
键合线	Al	1	1	0	3.8×10^7	半径 0.15mm
IGBT	Si	11.9	1	0	0	13mm×13mm×0.5mm
焊料层	Sn-Ag-Cu	3.1	1	0.035	0	33mm×38mm×0.1mm
DBC 铜层	Cu	1	0.9999	0	5.8×10^7	33mm×38mm×0.2mm
陶瓷层	Al_2O_3	9.8	1	0	0	100mm×40mm×0.4mm
基板	Cu	1	0.9999	0	5.8×10^7	122mm×62mm×3mm

2. 设置材料特性，自动识别结点

根据表 3.3 中各层材料特性进行对应的设置，包括相对介电常数、相对磁导率、体电导率和损耗角。

3. 目标路径结构拆分

ANSYS/Q3D 软件是通过分配激励源的方式指定电流流向（即目标路径），因此合理的结构拆分是提取杂散电感的关键。由半桥 IGBT 器件的结构可知，在实际运行中电流存在正向和反向两条导通路径，每种导通路径内存在两条功率回路，如图 3.6 所示。其中，图 3.6(b) 为正向导通路径，功率回路 1 为上桥臂 IGBT 导通路径，回路 2 为下桥臂二极管续流路径。回路 1 中从功率端子 P 到芯片底部集电极设置为 L_C，从芯片表面发射极到功率输出端 AC 设置为 L_E，回路 2 包括二极管到功率端子 N 的 L_D，从门极输入引出端到芯片门极为 L_G，从芯片发射极到发射极引出端为 L_R。图 3.6(a) 的反向导通路径中功率回路 1 为下桥臂 IGBT 导通，拆分方法与正向导通路径同理。图 3.8 所示为提取芯片 Q1 对应集电极电感 L_{c1} 施加的激励源输入端（source）和输出端（sink）位置。

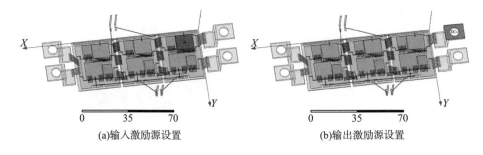

(a)输入激励源设置　　　　　　　　　　(b)输出激励源设置

图 3.8　激励源设置（单位：mm）

4. 设置求解类型

根据所需求解的计算参数选择求解类型，本节主要分析动态过程中杂散电感的影响，因此这里选取交流电阻/电感求解交流激励下的杂散电感和电阻值。由于等效开通时间为 1μs 时对应频率为 1MHz，设置扫频范围为 1kHz～3MHz。

5. 网格剖分，计算求解

以上确认无误后，根据求解类型对三维模型进行网格剖分，并开始计算求解。图 3.9 为扫描频率范围在 1kHz～3MHz 区间内上、下桥臂的杂散电感 L_C 与 L_E 仿真结果。可以发现由于布局的对称性，上、下桥臂间的杂散电感相差不大。查阅器件数据手册可知其在 3000A/μs 电流变化率的测试条件下，功率回路 1 的杂散电

感 L_{CE} 为 20nH，对应仿真电感为 L_C 与 L_E 的和，观察仿真结果在 1MHz 处与数据手册提供的实验测试值几乎一致，证明仿真结果的准确性。

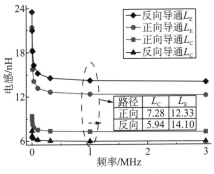

路径	L_C	L_E
正向	7.28	12.33
反向	5.94	14.10

图 3.9 器件导通路径杂散电感

3.3.2 等效电路建模及仿真

为了观察杂散电感对并联均流的影响，在电路级仿真软件 SIMetrix 中建立等效电路模型，并将上节所提取的杂散电感代入，具体参数见附录 A。图 3.10 所示分别为正向导通和反向导通的双脉冲仿真原理图。

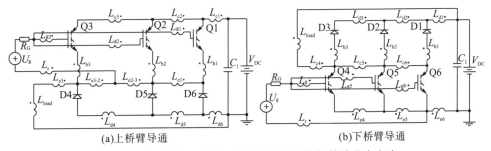

(a)上桥臂导通   (b)下桥臂导通

图 3.10 考虑杂散电感的 IGBT 器件动态特性等效仿真电路

等 效 电 路 模 型 中，IGBT 和 二 极 管 采 用 型 号 为 SIDC50D60C8 和 SIGC158T120R3E 的 Hefner 物理模型。设置功率端直流电压 V_{DC} 为 300V，负载电感 L_{load} 为 85μH，驱动电压 U_g 变化范围为 8～15V，门极驱动电阻 R_G 为 10Ω，两个脉冲宽度分别为 30μs 和 15μs，脉冲间隔为 30μs，脉冲上升和下降时间均为 10ns。

上、下桥臂开通过程的仿真结果见图 3.11，可以发现当 U_{ge} 达到阈值电压后芯片开始导通进入第 II 阶段。下桥臂开通过程中，由于功率电流在门极回路杂散电感上突变，产生反向压降 ΔV_{ge}；此时，Q6 所在支路功率耦合电感最小，即 $U_{ge6} > U_{ge5} > U_{ge4}$，因此 Q6 的电流变化率 (d$i$/d$t$) 最大且承受最大的电流过冲，Q4 电流变化率最小，总电流保持不变其所在支路功率电流也最小，导致芯片间存在较明显不均流现象。上桥臂开通过程中，由于二极管续流的作用，功率电流不会在门极路径杂散电感上产生突变，U_{ge} 间差异较小，因此在开通过程中均流效果较好，不存在明显的电流过冲。与开通过程相比，关断过程中受封装杂散电感影响较小，各桥臂并联芯片间均流效果较好，仿真结果如图 3.12 所示。

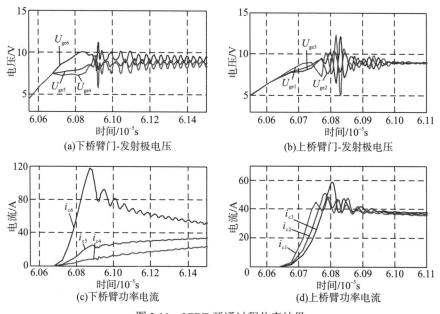

图 3.11　IGBT 开通过程仿真结果

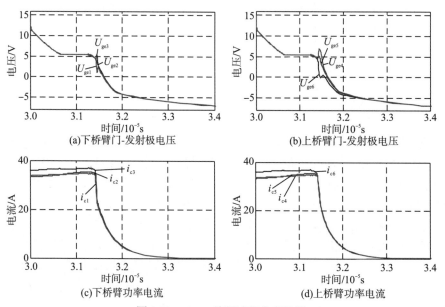

图 3.12　IGBT 关断过程仿真结果

由以上仿真结果可知，功率器件由于发射极与功率回路耦合电感的影响存在开通动态不均流现象，且下桥臂反向导通较上桥臂正向导通电流不均衡程度更大，芯片 Q6 承受较大的电流过冲，存在过流的风险，大大降低了整个器件工作的安全性，且在长期运行过程中由于开关损耗的不同，可能导致局部温度较高，降低器件整体可靠性。因此，考虑杂散电感对器件内部损耗分布的影响，得到精确的器件内部结温分布，对于研究器件内部热薄弱环节，提高功率器件的可靠性、实施有效热管理具有重要意义。

3.3.3　芯片间不均流特性实验验证

为了验证开通过程中芯片间不均流的现象，本节搭建了双脉冲动态测试平台，如图 3.13 所示。首先进行准备工作，包括用硅油将器件封装灌封胶溶解，以便实验测量操作，并用超纯水清洗。然后采用 Mini 罗氏线圈探头穿入芯片引线中来实现芯片电流的测量。由于 IGBT 开关动态时间较短，仅 10～20μs，为此采用具有足够带宽的示波器及电流电压测试探头。设置电感负载为 85μH、双脉冲宽度分别为 15μs 和 20μs。

(a)测量方法　　　　　　　　　　(b)实验平台

图 3.13　双脉冲动态测试平台

图 3.14 为 300V、50A 额定电流测试条件下反向导通下桥臂各芯片开通电流仿真与实验结果的对比，其中实线为实验测试结果，点划线为仿真结果。可以发现仿真结果与实验结果有较高的一致性，Q6 存在最大的开通过冲电流，但由于所选仿真二极管器件模型与实际器件芯片并不完全一致，反向恢复特性存在一定差异，所以结果绝对值存在一定的误差，但能准确反映各并联芯片间的相对关系。

为了对比上、下桥臂导通并联芯片间电流分布的情况，分别在直流电压源为100V、200V、300V，对应额定电流分别为 31.5A、63A、94.7A 的情况下进行双脉冲实验，电流分布如图 3.15 所示。可以发现，在相同额定电流下，下桥臂芯片

Q4、Q5、Q6 间电流不平衡较大，Q6 有较高的电流过冲，且随着额定电流的逐渐增大，不平衡现象越来越严重。上桥臂并联芯片间开通过程均流效果则较好。观察二极管的反向恢复特性可以发现，由于二极管的非对称性并联，D1、D6 更加靠近功率端子，所在功率支路杂散电感 L_D 最小，因此在换向时产生最高的 di/dt。最大反向恢复电流首先到达 D1、D6，接着到达 D2、D5，最后到达 D3、D4，在此过程中换向速率 di/dt 不断增加。

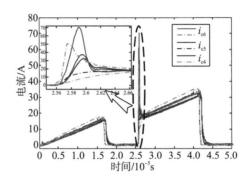

图 3.14　下桥臂双脉冲实验与仿真对比

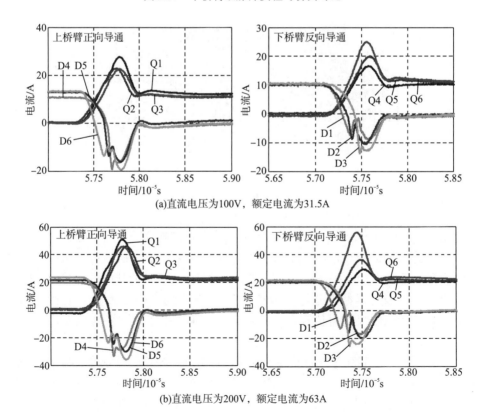

(a)直流电压为100V，额定电流为31.5A

(b)直流电压为200V，额定电流为63A

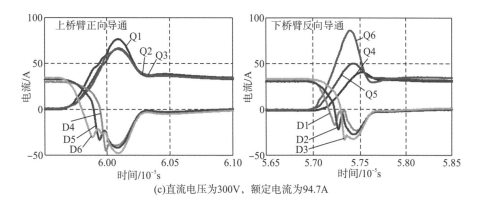

(c)直流电压为300V，额定电流为94.7A

图 3.15　上、下桥臂开通过程电流分布对比

3.4　计及动态电流分布的影响

3.4.1　损耗计算原理

　　IGBT 在工作状态下产生的损耗主要包括两部分，分别为开关损耗和导通损耗。图 3.16 所示为 IGBT 工作状态下电压、电流和损耗波形。

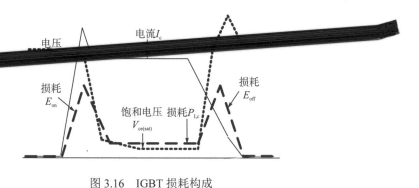

图 3.16　IGBT 损耗构成

1）导通损耗计算

　　当 IGBT 处于稳态完全导通状态下，由于 PN 结电位和存在导通电阻，IGBT 会保持一定的导通压降 V_{ce}，其主要由饱和电压 $V_{ce(sat)}$ 和导通电阻压降 $R_I I_c$ 所组成。导通压降 V_{ce} 与通态电流 I_c 共同作用产生了损耗，其表达式为

$$P_{I,c} = V_{ce(sat)} I_c + R_I I_c^2 \tag{3.10}$$

式中，I_c 为该时刻流过 IGBT 的瞬时电流，R_I 为 IGBT 的导通电阻。其中导通电阻

和饱和压降与温度相关，根据 IGBT 器件数据手册中的伏安特性曲线，可获得 $V_{ce(sat)}$ 及 R_I 与结温的关系，分别表示如下：

$$V_{ce(sat)} = V_{ce\_25} + K_{v,I}(T_{j,I} - 25) \tag{3.11}$$

$$R_I = R_{I\_25} + K_{r,I}(T_{j,I} - 25) \tag{3.12}$$

式中，V_{ce_25} 和 R_{I_25} 分别为 IGBT 在 25℃ 下的初始饱和压降和导通电阻；$K_{v,I}$、$K_{r,I}$ 分别为相应的温度系数；$T_{j,I}$ 为 IGBT 的结温。

2）开关损耗

IGBT 在开关过程中，电压、电流波形将会有一段时间的重叠，因而产生了一定的开关损耗。IGBT 两端电压 V_{ce} 与集电极电流 I_c 乘积在重叠时间内的积分便为 IGBT 每开通或关断一次所消耗的能量。定义开通能量损耗 E_{on} 对应的重叠时间 t_{on} 为，从电流 I_c 上升到正常值的 10% 开始，至 V_{ce} 下降到正常值的 2% 时结束；关断能量损耗 E_{off} 对应的重叠时间 t_{off} 为从 V_{ce} 上升到正常值的 10% 开始，至 I_c 下降到正常值的 2% 结束；IGBT 的开关损耗 $P_{I,s}$ 可表示为

$$P_{I,s} = f_{sw}(E_{on} + E_{off})\frac{V_{DC}I_c}{U_N I_N}\left[1 + K_{I,s}(T_{j,I} - 25)\right] \tag{3.13}$$

式中，f_{sw} 为开关频率；E_{on}、E_{off} 分别为 IGBT 在 25℃ 额定条件下测得的开、关能量损耗；V_{DC} 为直流侧电压；U_N、I_N 分别为 IGBT 功率器件额定电压和电流；$K_{I,s}$ 为 IGBT 开关损耗的温度修正系数。

3.4.2 考虑并联芯片间动态电流分布的开关损耗计算方法

功率器件工作于较高的开关频率下，随着功率等级的提高，器件的芯片间不均流会导致较大的开关损耗差异，进而影响器件内部温度的分布。由前面分析可知，下桥臂在开通过程中存在较大的不均流现象，因此本节将重点关注分析。

前面已对 IGBT 开通动态过程进行了详细的分析，但其针对的是单个 IGBT 对象，对于受杂散电感影响的各并联支路电流分布关系并未详细说明，为了在开通过程研究中，简化分析开通过程，采用基于物理机制的开通过程折线模型[60]，将电流的上升过程等效为线性上升，如图 3.17 所示。令 k_1、k_2、k_3 分别表示芯片 Q_4、Q_5、Q_6 开通电流上升变化率，芯片 j 的开通能量损耗等于该芯片支路电流 i_{c_j} 与两端电压 V_{ce} 乘积在开通时间 t_{on} 内的积分，如下式：

$$E_{on\_j} = \int_a^c i_{c\_j}(t)V_{ce}(t)\mathrm{d}t \tag{3.14}$$

开通阶段其可以分为两部分，第一部分为 $[a,b]$，此阶段 IGBT 开始导通，电流迅速上升，在线路电感 L_m 产生反向压降，导致 V_{ce} 下降至某一值并保持不变，此期间各芯片损耗比可等效为图 3.17 所围直角三角形的面积比，即 $k_1:k_2:k_3$；

第二部分[b,c]为反向二极管反向恢复过程，由于此阶段集-发射极电压 V_{ce} 呈指数迅速下降，所以电流与电压乘积的积分可近似看作幅值不同的指数函数积分，幅值比等于 $k_1 : k_2 : k_3$，此时损耗比可近似满足 $k_1 : k_2 : k_3$。此期间由于各芯片并联，集-发射极电压对各芯片相同。基于此，各芯片支路电流比即为各芯片的开通损耗比。查阅数据手册，在已知器件总开通损耗的情况下，通过计算各芯片电流变化率的比，即可得到各芯片的开通损耗在总开通损耗中所占比例。

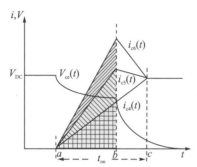

图 3.17　芯片并联开通过程折线模型

对式(3.1)求导可以得到电流变化率：

$$\frac{\mathrm{d}I}{\mathrm{d}t} = K_{\mathrm{p}}\left(u_{\mathrm{ge}} - V_{\mathrm{th}}\right)\frac{\mathrm{d}u_{\mathrm{ge}}}{\mathrm{d}t} = g_{\mathrm{m}}\frac{\mathrm{d}u_{\mathrm{ge}}}{\mathrm{d}t} \tag{3.15}$$

式中，

$$u_{\mathrm{ge}} = U_{\mathrm{ge}} - L\frac{\mathrm{d}I}{\mathrm{d}t} \tag{3.16}$$

联立式(3.6)和式(3.7)可得

$$\frac{\mathrm{d}I}{\mathrm{d}t} = \frac{K_{\mathrm{p}}MN}{1 + K_{\mathrm{p}}LN} \tag{3.17}$$

其中，

$$\begin{cases} M = U_{\mathrm{ge}} - U_{\mathrm{th}} \\ N = \dfrac{\mathrm{d}U_{\mathrm{ge}}}{\mathrm{d}t} \end{cases} \tag{3.18}$$

U_{ge} 为门极-发射极辅助端子两端电压，其变化时间常数由驱动回路电阻 R_{G} 决定，其值在任意时刻对各并联支路芯片相同。推导可得，芯片间电流变化率的比满足：

$$k_1 : k_2 : k_3 = \frac{1}{\alpha + L_{\mathrm{eE4}}} : \frac{1}{\alpha + L_{\mathrm{eE5}}} : \frac{1}{\alpha + L_{\mathrm{eE6}}} \tag{3.19}$$

式中，$\alpha = 1/K_{\mathrm{p}}N$ 为常数。由式(3.19)可见，驱动回路与功率回路的共发射极耦合电感 $L_{\mathrm{eE}j}$ 和导电系数 K_{p} 之间的差异是影响各芯片支路开通电流占比的主要原因。已知各芯片共发射极耦合电感 $L_{\mathrm{eE}j}$，代入式(3.19)即可计算得到在某一环境温度条件下该器件各芯片间开通电流变化率的比，即各支路开通损耗比。

基于此 IGBT 器件内下桥臂各并联芯片开关损耗可表达为

$$\begin{cases} E_{\text{on}\_j} = \dfrac{k_j}{\displaystyle\sum_{j=1}^{n} k_j} E_{\text{on}}(I) = K_{\text{low}\_j} E_{\text{on}}(I) \\[4mm] E_{\text{off}\_j} = \dfrac{1}{n} E_{\text{off}}(I) \end{cases} \tag{3.20}$$

式中，$E_{\text{on}}(I)$、$E_{\text{off}}(I)$ 分别为 IGBT 器件负载电流为 I 时总开通损耗和总关断损耗；K_{low_j} 为芯片 j 开通损耗占总损耗比例系数，可通过测量器件内杂散电感计算得到；n 为并联芯片的个数。与开通损耗不同的是，由于关断过程中各芯片间电流分布较均匀，不存在明显不均流的现象，所以各芯片关断损耗均匀分布。

3.4.3　实验验证

为了验证上节理论分析的有效性，基于双脉冲动态测试，在 500V 直流电压、不同负载电流实验条件下测得下桥臂 IGBT 各芯片 Q4、Q5、Q6 支路开通电流如图 3.18 所示。实验中驱动电阻为 10Ω，并在环境温度为 25℃条件下测得常数 α 等于 12.75。

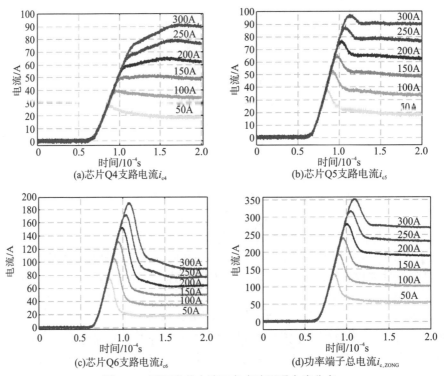

图 3.18　不同负载电流下各支路开通电流分布

可以发现各支路在不同负载电流等级下电流变化率相同，且不随负载电流变化而变化。基于上节分析，可以得出在不同负载电流下，各芯片损耗间的比例保持不变。图 3.19 为其对应开关损耗分布结果，可以看出在各电流等级下，并联芯片间关断损耗大致相同，与上节分析一致，而开通损耗在不同负载电流等级下成比例增长。

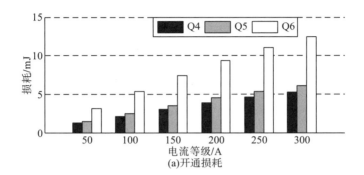

(a)开通损耗

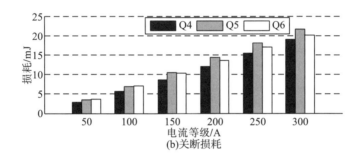

(b)关断损耗

图 3.19　下桥臂并联芯片间开关损耗对比(V_{DC}=500V)

基于图 3.19 获取不同测试条件下各支路(Q4、Q5、Q6)开通损耗占总开通损耗比例，计算如式(3.21)。

$$P_{Qj}=E_{on\_Qj}/(E_{on\_Q4}+E_{on\_Q5}+E_{on\_Q6})，j=4,5,6 \qquad (3.21)$$

基于图 3.19,结合式(3.19)和式(3.20)计算得到各支路的开通损耗占总开通损耗的理论值，对比两者结果，如表 3.4 所示。可以看出在不同测试条件下实验测试结果与仿真理论计算结果具有较高的一致性，最大偏差为 9.15%（最大偏差等于实验值与理论值的最大差值/理论值）。因此可以看出，并联芯片间开通电流分布不受模块两端电压及负载电流的影响，各支路损耗分布满足式(3.19)的比例关系，结论具有一定普适性。

表 3.4　不同测试条件下各支路开通损耗占总开通损耗比例与理论计算结果对比（%）

支路	实验测试结果（500V）						理论计算值 图 3.18 和式（3.19）、式（3.20）	最大偏差
	50A	100A	150A	200A	250A	300A		
Q4	21.35	21.64	22.02	22.06	22.04	22.29	20.42	9.15
Q5	24.81	25.62	24.93	25.49	25.91	25.69	26.76	7.30
Q6	53.84	52.74	53.05	52.45	52.04	52.02	52.82	1.93

3.5　双馈风电变流器 IGBT 器件动态应力分析

3.5.1　多芯片耦合热网络模型

图 3.20 所示为基于独立传热假设的传统 IGBT 器件的局部热网络模型（Foster 模型），结-壳热阻抗 $R_{th,jc}$ 由四阶热阻 R_i 和热容 C_i 构成，各阶 R_iC_i 无实际物理意义，可直接将测得瞬态热阻抗进行拟合，即可得到 IGBT 模块的热阻抗特性参数，如下式：

$$Z_{jc}(t) = \sum_{i=1}^{4} R_i \left(1 - e^{-\frac{t}{R_iC_i}} \right) \tag{3.22}$$

式中，瞬态热阻抗 $Z_{jc}(t)$ 为从芯片到外壳的温度差 ΔT_{jc} 与热流通路上器件损耗 P 之比，满足如下关系：

$$Z_{jc}(t) = \frac{T_j(t) - T_c(t)}{P} = \frac{\Delta T_{jc}}{P} \tag{3.23}$$

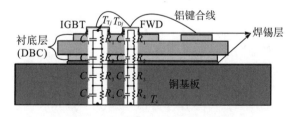

图 3.20　IGBT 模块的传统 Foster 热网络

为了计及芯片间热耦合对结温分布的影响，基于传统 Foster 热网络模型，引入等效热耦合阻抗，建立考虑芯片间热耦合的热网络模型，如图 3.21 所示。图 3.21 中，Z_{ch} 为 IGBT（FWD）的铜基板至散热器热阻抗，Z_{th_ha} 为散热器的等效热阻抗，上述热阻抗分别由各自的等效热阻及热容构成，其具体参数可根据厂商提供数据获取；T_a 为环境温度；$Z_{th(1,2)}$ 为芯片 2 对芯片 1 的耦合热阻抗，表示芯片 2 施加单位功率损耗时芯片稳态最高结温的增量，其余以此类推。有限元仿真软件测得芯片间距与耦合热阻的关系曲线如图 3.22 所示，可以发现当芯片距离增加为 8mm 时，芯片间的耦合热阻几乎为零。本节 IGBT 并联芯片的间距为 10mm，大于 8mm，且陶瓷绝缘板相互分离，因此本节芯片耦合热阻只考虑与之并联的二极管芯片以及与之最近的另半桥臂的 IGBT 二极管芯片。

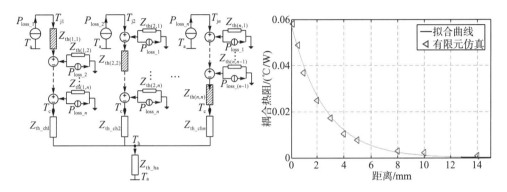

図 3.21　考虑芯片间热耦合的热网络模型　　図 3.22　耦合热阻和芯片距离的关系曲线

以芯片 Q6 为例，通过有限元仿真软件提取得到热耦合阻抗参数见表 3.5。由于各并联芯片对称分布，其他 IGBT 芯片热阻抗参数同样可做参考，不再详细列出。图 3.23 所示分别为数据手册提供的 IGBT、二极管瞬态热阻抗曲线，IGBT 和二极管的稳态结-壳热阻 $R_{\mathrm{th,jc}}$ 分别为 0.06K/W、0.1K/W。由式 (3.23) 可知当对应结温相同时，对应芯片热阻抗为器件热阻抗的整数倍，由器件并联芯片个数决定。本节使用的器件并联芯片为 3 个，因此对应各芯片热阻抗应为器件热阻抗的 3 倍，对照表 3.5 各芯片热阻抗可以看到，仿真提取结果与数据手册提供结果几乎一致，说明有限元建模提取热阻抗参数的准确性较高，其热阻抗参数仿真结果可用于结温计算和热分析。

表 3.5　IGBT 器件的耦合热阻抗参数 $Z_{\mathrm{th,jc}}(R_{\mathrm{th,jc}}, C_{\mathrm{th,jc}})$（单位：℃/W，J/℃）

芯片编号	Q6	D6	Q1	D1
Q6	(0.176,0.61)	(0.045,9.6)	(0.019,33.9)	(0.017,41.5)
D6	(0.045,8.65)	(0.317,0.208)	(0.018,39)	(0.007,138.8)
Q1	(0.0194,33.5)	(0.017,42.5)	(0.178,0.627)	(0.046,9.46)
D1	(0.0176,39)	(0.007,138.8)	(0.046,8.44)	(0.321,0.211)

为了验证所提取热网络模型能准确反映芯片间热耦合的影响，本节采用输入不同的功率损耗，分别在 ANSYS 有限元仿真软件和在 MATLAB 软件中构建的等

效热网络中进行稳态热仿真分析，温度分布结果对比如表 3.6 所示，可以看出所提取热网络模型和有限元分析热仿真结果具有较高一致性，相对误差小于 2%，验证了该模型可准确反映器件内芯片间热耦合的影响。

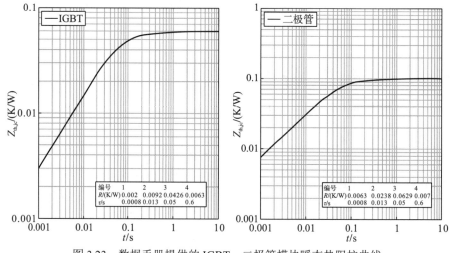

图 3.23　数据手册提供的 IGBT、二极管模块瞬态热阻抗曲线

表 3.6　热网络模型和有限元软件热仿真的温度分布结果对比　　　　（单位：℃）

计算方式	温度					
	功率损耗输入 1W		功率损耗输入 3W		功率损耗输入 5W	
	Q6	D6	Q6	D6	Q6	D6
有限元热仿真结果	44	42.65	78	73.96	112.1	105.3
热网络等效计算结果	44.41	43.16	79.22	75.48	114	107.8

3.5.2　考虑杂散参数影响的双馈风电变流器 IGBT 器件动态结温分析

变流器普遍采用 SPWM 调制策略，因此本节基于此策略进行分析。由于 IGBT 往往工作于较高开关频率，在一个完整开关周期内可以近似假设负载电流不发生变化。处于导通状态下的 IGBT 会保持一定的饱和压降 $V_{\text{ce(sat)}}$ 并与时刻 k 对应通态电流 i_k 共同作用产生导通损耗：

$$P_{\text{con}}(i_k) = (V_{\text{ce(sat)}}i_k + r\,i_k^2)D_k \tag{3.24}$$

式中，D_k 为导通占空比，在 SPWM 调制策略下满足表达式（3.25），符号+、−分别代表其工作在整流和逆变模式。

$$D_k = \frac{1 \pm m\sin\left(\dfrac{\pi}{N}k\right)}{2} \tag{3.25}$$

　　开通损耗是基于电流的二次函数，关断损耗基于电流的一次函数[17]，由数据手册拟合可得

$$\begin{cases} E_{\mathrm{on}}(i_k) = (ai_k^2 + bi_k + c) \cdot \dfrac{V_{\mathrm{DC}}}{V_{\mathrm{rated}}} \cdot \dfrac{E_{\mathrm{on}}(R_{\mathrm{G}})}{E_{\mathrm{on}}(R_{\mathrm{Grated}})} \cdot k_{\mathrm{on}}(T_{\mathrm{j}}) \\ E_{\mathrm{off}}(i_k) = (di_k + e) \cdot \dfrac{V_{\mathrm{DC}}}{V_{\mathrm{rated}}} \cdot \dfrac{E_{\mathrm{off}}(R_{\mathrm{G}})}{E_{\mathrm{off}}(R_{\mathrm{Grated}})} \cdot k_{\mathrm{off}}(T_{\mathrm{j}}) \end{cases} \quad (3.26)$$

式中，V_{DC}、R_{G}、$k(T_{\mathrm{j}})$ 分别为直流母线电压、门极电阻和芯片结温温度修正系数，这些都是影响开关损耗的因素。实际运行条件与数据手册提供测试条件存在差异，因此基于数据手册拟合得到关于电流的开关损耗函数需要得到修正，可设测试条件下电压基值 V_{rated} 和门极电阻基值 R_{Grated} 与温度基准值，由查询 IGBT 器件数据手册得到。将式 (3.26) 代入式 (3.27) 可得在此负载电流等级下 IGBT 的开关损耗：

$$P_{\mathrm{sw}}(i_k) = f_{\mathrm{sw}} \cdot [E_{\mathrm{on}}(i_k) + E_{\mathrm{off}}(i_k)] \quad (3.27)$$

　　基于此可以得到变流器在任一个开关周期 T_{s} 内平均损耗表达式为

$$P_{\mathrm{Ts}}(i_k) = \begin{cases} P_{\mathrm{con}}(i_k) + P_{\mathrm{sw}}(i_k), & i_k > 0 \\ 0, & i_k \leqslant 0 \end{cases} \quad (3.28)$$

　　综上所述，根据数据手册提供 IGBT 器件损耗参数和热网络模型可在 MATLAB 软件中建立基于考虑杂散电感影响的 IGBT 器件内部动态结温计算模型，计算流程如图 3.24 所示。

　　该模型主要分为三部分，首先设置仿真初始条件，包括环境温度、变流器运行参数、IGBT 器件损耗参数及器件内部杂散电感。其次，将器件损耗参数及杂散电感参数代入 IGBT 损耗模型中并由式 (3.19)、式 (3.20) 计算得到考虑杂散电感影响的各芯片支路开关损耗，进而得到在变流器负载运行工况条件下各芯片支路损耗分布。最后，导入考虑芯片间热耦合的热网络模型中得到各芯片结温分布结果。由于 IGBT 损耗与温度息息相关，为了得到更加精确的结温计算结果，同时也需考虑温度分布对损耗的影响，所以本节将结温热分布结果作为负反馈，输入到损耗模型中，以此往复迭代即可得到 IGBT 器件内部各芯片间的动态结温分布。

　　在贴近实际应用的散热条件下，结合本书提出的结温计算模型，对运行在风速范围为 5～15m/s 的机侧变流器 IGBT 功率器件内部结温分布进行分析。图 3.25 所示分别为 IGBT 器件内部下桥臂各芯片结温均值与波动幅值随风速变化仿真结果，并与基于损耗均匀分布假设不考虑内部芯片热耦合影响的传统结温计算模型结果进行了比较。由图 3.25 (a) 可知，在实际运行过程中芯片 Q6 结温高于其他芯片，且随着风速的增加各芯片结温均值差异逐渐增大，最大可达 5℃，而传统结温计算模型由于未考虑芯片间热耦合的影响，故整体均温较低，与最高芯片温度差最大为 10℃。

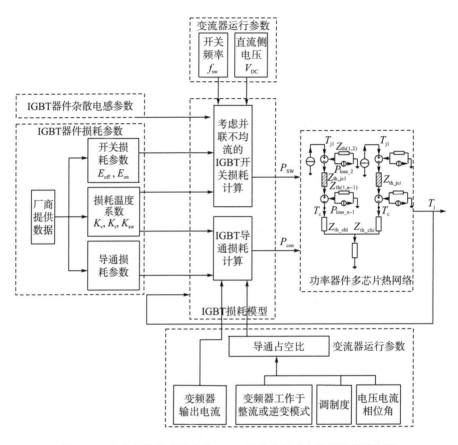

图 3.24　考虑杂散电感影响的 IGBT 器件内部动态结温计算流程图

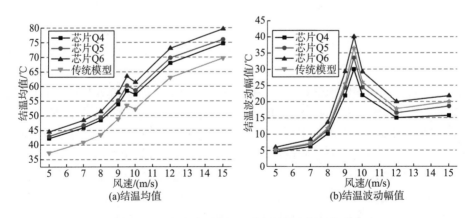

(a)结温均值　　　　　　　　　　(b)结温波动幅值

图 3.25　风电变流器 IGBT 功率器件内部温度分布

由图 3.25(b)可知，随着风速的增加，结温波动幅值逐渐增大，在同步风速点时波动最大，芯片 Q6 的结温波动幅值最高，为 40℃，各芯片结温波动幅值差异最大为 10℃；而传统结温计算模型在同步转速点波动幅值为 36.5℃，与芯片 Q6 的结温波动差异为 3.5℃。

通过以上分析进一步验证了本书提出结温计算方法的有效性，能准确反映器件内部温度整体的变化趋势，在双馈风力发电机长期运行过程中，器件内部芯片间温度差异不可忽略，芯片 Q6 总是承受最大的结温均值及结温波动，功率器件内部存在热薄弱环节。

3.5.3　双馈风电变流器 IGBT 器件应力实验测试

为了验证本书提出的结温计算方法的有效性，研究功率器件内部温度分布规律，本节利用某工厂风电变流器实验测试平台，在 IGBT 器件每个芯片正下方的底板与散热器之间安放温度传感器，测量该芯片对应壳温并与仿真计算壳温结果进行比较。如图 3.26 所示，该平台风电变流器装置主要包括机侧与网侧变流器、冷却装置和感性负载；控制设备可以控制冷却水的流速、机侧电流幅值和频率，以及监测冷却水温度等参数。

以机侧变流器为研究对象，其电气结构如图 3.27 所示为三相桥式逆变电路。网侧变流器通过直流环节为机侧变流器提供直流电压 V_{DC}，电阻与电感串联作为电路负载，实验平台参数见表 3.7。以该 IGBT 器件作为其中一相，实验与仿真通过开环控制分别在变流器相电流为 30A、50A、75A 条件下，采用 SPWM 控制策略控制 IGBT 器件开通和关断。由于实验热探头的加入破坏了壳与散热器间的热传导能力，仿真模型中 IGBT 各芯片对应的壳-散热器热阻抗参数 Z_{th_ch} 参考数据手册设为正常散热条件下给定参考值的 24 倍(2.16Ω，250μF)。

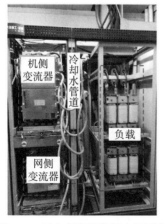

图 3.26　风电变流器装置实验平台

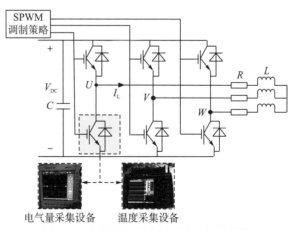

图 3.27　机侧变流器实验平台电气结构图

表 3.7　实验平台参数

设备及参数	参数值	设备及参数	参数值
直流电压 V_{DC}	1050 V	负载电感 L	0.4mH
直流侧电容 C_1	2350μF	吸收电容 C_2	0.68μF
开关频率 f_s	3000Hz	温度采集设备	OMRON ZR-RX45
负载电阻 R	0.01Ω	电气量采集设备	YOKOGAWA DL850

下桥臂各芯片对应底壳温度与电热仿真结果对比见图 3.28，其中实线为采用本书所提出的结温计算方法得到的各芯片对应壳温，点画线为实验实测结果。可以看出在不同测试条件下仿真计算与实验测试结果有较高的一致性，器件内部温度分布存在差异，芯片 Q6 所对应的位置温度较高，芯片 Q4 温度最低。实验测得最大壳温差分别为 10℃、20℃、25℃，仿真最大壳温差分别为 8℃、12℃、20℃，仿真较实验测得结果小。这可能是由于在实际测量中，散热器与器件间加入热探头造成接触面不平整，散热脂涂抹不均匀使导热条件存在差异，而仿真则是基于散热条件相同、热阻相同的假设。虽然仿真结果与实验结果存在误差，但从整体趋势上仍能准确反映器件内部的温度分布，验证了本书提出的结温计算模型的有效性。但需注意的是，由于改变了变流器散热结构，壳与散热器之间的热阻增加，实验结果较实际应用偏大，而实际壳温差要小于实验测试结果。为了验证这一推测，本书在 50A 电流条件下，设置器件壳-散热器热阻 R_{th_ch} 分别为 0.03Ω、0.3Ω 及 0.72Ω 进行动态壳温仿真，结果如图 3.29 所示，可以看到随着热导材料散热条件的恶化，热阻增加，各并联 IGBT 芯片对应壳温差也逐渐增大。

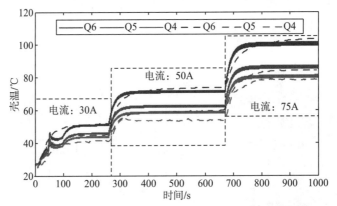

图 3.28　不同电流激励下 IGBT 芯片对应壳温与热仿真结果对比

因此，在实际应用中，功率器件内部芯片温度分布差异不可忽略，特别是散热条件较差，冷却系统热阻和时间常数较大的情况，应重点关注芯片 Q6 位置的结温变化情况，将其作为评估器件疲劳损伤与安全裕度的重点研究对象。

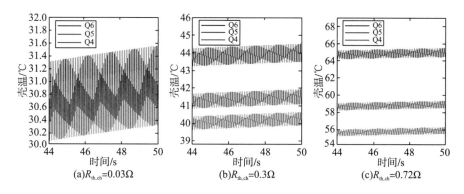

图 3.29　不同壳-散热器热阻 $R_{\mathrm{th\_ch}}$ 条件下对应各 IGBT 芯片壳温

3.6　本 章 小 结

本章从某风电变流器 IGBT 功率器件的结构出发，首先通过建立 IGBT 功率器件封装杂散电感模型，分析了器件内杂散电感对 IGBT 功率器件的开关动态过程中电流分布的影响，基于有限元仿真模型，提取了封装杂散参数，建立等效电路仿真模型，仿真并实验验证了所建模型的准确性。在此基础上，从封装杂散电感对开通电流分布影响的角度，推导得到了考虑器件并联芯片间动态电流分布的损耗计算方法，进一步考虑芯片间热耦合的热网络模型，建立了考虑杂散电感影响的变流器 IGBT 器件内部动态温度计算模型，并结合实际工况仿真分析了全风速运行工况下功率器件内部热分布，并与传统结温模型计算结果进行了比较。所得主要结论如下：

（1）在风电变流器 IGBT 器件开通过程中，各并联芯片存在不均流的现象，其中共发射极耦合电感 L_{eE} 是影响各并联芯片均流的主要原因。由于二极管的续流作用，上桥臂开通时在门极回路耦合电感产生反向压降较小，均流效果较好；下桥臂各并联芯片间开通电流受耦合电感影响较大，开通电流存在较大差异，其中 IGBT 芯片 Q6 存在过冲电流且随着负载功率等级（直流电压等级及负载电流等级）的增加，下桥臂并联芯片间不均流现象越来越严重，降低了功率器件的安全等级，芯片间开通损耗差异不容忽视。

（2）风电变流器 IGBT 器件下桥臂开通过程中各芯片开通损耗存在差异，基于电流变化率与损耗分布的关系，本书提出的考虑封装杂散电感影响的功率器件内部动态结温计算方法，可以准确反映器件内部结温分布情况，风电变流器实验平台测得壳温分布结果与计算结果分布趋势一致。

（3）IGBT 功率器件内部存在热薄弱环节，下桥臂各芯片间温度分布差异较明显，不可忽略；芯片 Q6 的结温均值、结温波动幅值均为最大，芯片 Q4 的则最小；各芯片间结温均值差异随着风速的增加逐渐增大，最大达到 5℃，结温波动幅值差异则在同步风速点附近达到最大，最大差值为 10℃，器件内部温度差异不可忽略不计；与传统结温计算模型相比，本章提出的风电变流器 IGBT 器件结温计算方法能准确反映器件内部热分布。

第4章 风电变流器 IGBT 器件疲劳老化失效状态监测与评估

　　风电变流器在长期的工作期间,IGBT 器件内部材料间产生的交变热应力使其焊层逐渐出现开裂,尤其在器件寿命后期将出现基板焊层疲劳脱落现象;IGBT器件内部物理结构发生改变,进而导致器件的热传递路径改变引起热阻发生变化,使 IGBT 器件结温与壳温进一步升高,各芯片壳温以及芯片间热耦合程度发生变化。此外,现有风电变流器一般都采用塑封多芯片 IGBT 器件,由键合线将芯片与芯片并联、芯片与 DBC 铜板焊接而成。除焊层脱落外,IGBT 器件键合线脱落占失效率的 70%左右。由于键合线与芯片焊料和硅芯片热膨胀系数有较大的差异,键合线与芯片焊接处将反复受到交变热应力冲击,在长期冲击下键合线会断裂,甚至脱落。当某个芯片键合线全部脱落,即芯片失效后,导通电流将在其他芯片上重新均流,加速其他芯片键合线脱落,最终导致 IGBT 功率器件失效。所以有必要研究 IGBT 基板焊层及键合线脱落的特征量,研究可较易应用于实际的 IGBT器件疲劳老化状态评估方法以及 IGBT 器件可用芯片数目评估方法。

　　本章首先依据实际双馈风电机组变流器 IGBT 器件的材料特性参数,研究不同脱落度下 IGBT 器件的结温与壳温变化规律;考虑基板焊料边角脱落改变了芯片传热路径,使芯片结温与壳温出现不同程度升高,且随脱落度增大最高壳温趋于中间芯片位置情况,提出了基于壳温差 IGBT 器件基板焊层状态评估模型;利用某风电变流器实验平台,通过模拟基板焊层脱落情况验证所提出评估方法的有效性。其次,本章简要介绍 IGBT 功率器件焊层结构及 SVPWM 控制策略,推导出导通压降与可用 IGBT 芯片数目之间的数学关系。最后,提出一种基于扇区内持续导通压降的风电变流器 IGBT 器件可用芯片数目评估方法,通过实验验证所建立的评估模型的有效性。

4.1　基板焊层脱落下 IGBT 器件热分析

　　相比 FWD 芯片,IGBT 芯片的导通电压和导通损耗相对较大[72],故本节以IGBT 器件的上桥臂为研究对象,开展基板焊层脱落时 IGBT 器件电热特性研究。为了减少有限元模型的计算求解时间,仅对上桥臂的 IGBT 芯片开展电热特性研究，将 FWD 芯片和下桥臂 IGBT 芯片键合线去掉，开展有限元仿真求解。

  为了掌握基板焊层脱落下 IGBT 器件温度分布情况，引入焊层脱落度概念表征焊层的脱落程度，其值为焊层脱落部分的面积占焊层总面积的比重，不同的焊层脱落度如图 4.1 所示。分别设置仿真初始条件和基板焊层脱落度，激励电流为50A，当基板焊层脱落度为 0%、8%、17%、34%时，基板焊层脱落情况见图 4.2 所示。

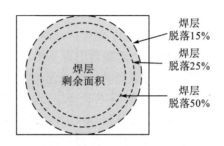

图 4.1 基板焊层脱落度

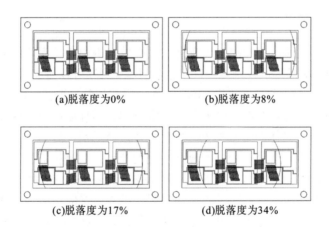

图 4.2 IGBT 器件基板焊层脱落情况

  不同基板焊层脱落度下 IGBT 器件结温分布如图 4.3 所示。可见，当焊层脱落度为8%时，相比于如图 4.3(a) 所示的器件健康状态，IGBT 芯片最高结温无明显变化，芯片 M 的结温略高于两侧芯片 3～5℃。当焊层脱落度分别为 17%和 34%时，各芯片结温存在明显的上升。由于芯片 L 位置距离 IGBT 器件左侧边缘较近，当基板左右焊层脱落相同面积时，相比芯片 R，芯片 L 结温变化较为明显。当脱落度为 34%时，由于芯片 L 底部的基板焊层几乎全部脱落，严重地改变了其传热路径，使芯片 L 表面中心结温上升到 243.34℃。

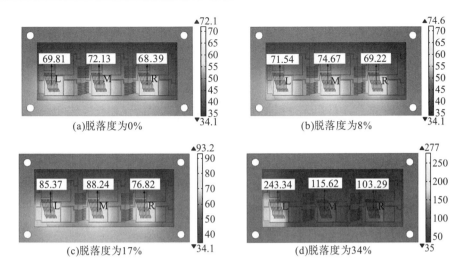

图 4.3　不同基板焊层脱落度下 IGBT 器件结温分布情况(单位：℃)

另外，图 4.4 给出了脱落度为 0%、8%、17%、34% 时 IGBT 器件底部壳温分布。可见，当脱落度为 8% 时，与器件健康状态相比[图 4.4(a)]，各芯片底部最高壳温变化不明显，芯片 M 的壳温仅上升了 0.45℃。然而，当脱落度分别为 17% 和 34% 时，各芯片底部最高壳温发生了不同程度的升高，其中芯片 M 壳温分别上升了 10.7℃ 和 26.41℃。究其原因是随着焊层脱落，热阻增加，热量逐渐集中于 IGBT 器件中心部分，并通过剩余的未脱落基板焊层散热，造成中间芯片的最高结温显著上升。

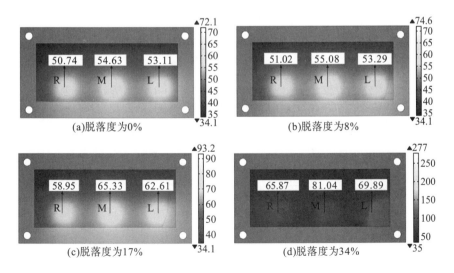

图 4.4　不同基板焊层脱落度下 IGBT 器件的壳温分布(单位：℃)

　　当 IGBT 芯片结温随时间围绕某个电流值上下有规律波动变化时，可认为其温度已进入稳态阶段。机侧变流器一般采用 SVPWM 控制策略，在机侧变流器相电流一个周期中，通过 IGBT 芯片开通和关断电流时间占 1/2 周期。当设置机侧相电流有效值为 50A、频率为 5Hz、初始温度为 20℃时，各芯片结温和壳温如图 4.5(a) 所示，可见在经过约 15s 的瞬态过程后，各芯片结温及壳温进入了稳态阶段；图 4.5(b) 所示为稳态阶段的结温及壳温波动变化情况，其中，芯片 M 结温

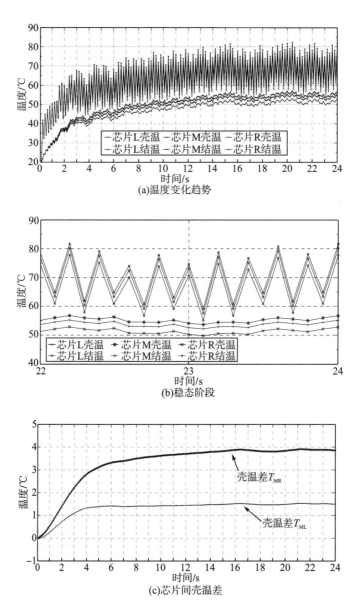

图 4.5　IGBT 芯片结温和壳温趋势变化情况

和壳温都高于其他芯片。另外，相对于结温波动幅度，壳温的波动幅度较小，且各芯片稳态壳温差基本不变，如图 4.5(c) 所示，芯片 M 与芯片 L 之间的稳态温差 T_{ML} 约为 1.5℃，芯片 M 与芯片 R 之间的稳态温差 T_{MR} 约为 3.9℃。综上可见，不管芯片壳温如何波动，芯片间稳态壳温保持相对不变，故可考虑将芯片间稳态温差作为反映基板焊层脱落情况的有效特征量。

4.2　基于壳温差的 IGBT 器件基板焊层状态评估方法

4.2.1　IGBT 器件基板焊层状态评估模型

1) 芯片定位

考虑到基板焊层早期脱落首先发生于 IGBT 器件四周的边角处，故选取最接近 IGBT 器件左、右侧边角的两个 IGBT 芯片分别称为芯片 L 和芯片 R，如图 4.3 所示。另外，选取 IGBT 器件中尽可能中心处的 IGBT 芯片称为芯片 M，并将芯片 L、R、M 底部壳温分别用 T_L、T_M、T_R 表示。

2) IGBT 芯片稳态壳温获取

考虑工况改变将引起 IGBT 器件内部温度分布发生变化，在求取稳态壳温时，需确定 IGBT 芯片已处在温度稳定阶段。判断过程如下：首先，提取 $t_0 \sim t_n$ 时段芯片 L、M 和 R 的壳温时间序列数据 $(T_L^{(0)},\ T_M^{(0)},\ T_R^{(0)})$、$(T_L^{(1)},\ T_M^{(1)},\ T_R^{(1)})$、…、$(T_L^{(n)},\ T_M^{(n)},\ T_R^{(n)})$；其次，获取芯片间壳温时间序列数据 $(T_{ML}^{(0)},\ T_{MR}^{(0)})$、$(T_{ML}^{(1)},\ T_{MR}^{(1)})$、…、$(T_{ML}^{(n)},\ T_{MR}^{(n)})$，其中，$T_{Mi}=T_M-T_i$，$(i=L,\ R)$；然后，求取单位时间内壳温差的增量 $(\Delta T_{ML}^{(1)},\ \Delta T_{MR}^{(1)})$、$(\Delta T_{ML}^{(2)},\ \Delta T_{MR}^{(2)})$、…、$(\Delta T_{ML}^{(n)},\ \Delta T_{MR}^{(n)})$，其中，$\Delta T_{Mi}^{(n)}$ 的计算式为

$$\Delta T_{Mi}^{(n)} = T_{Mi}^{(n)} - T_{Mi}^{(n-1)},\quad (i=L,\ R) \tag{4.1}$$

最后，当 $\Delta T_{ML}^{(j)} = \Delta T_{MR}^{(j)} = 0$ 时，即稳态壳温为 $T_L^{(j)}$、$T_M^{(j)}$ 和 $T_R^{(j)}$。

3) 基于 BP 神经网络的壳温正常值确定

为了获取不同运行工况下的 IGBT 芯片壳温正常值，考虑较难得到导通电流、冷却水温度和流速与壳温的数学关系，故建立一个 3 输入和 3 输出的 BP 神经网络模型，见图 4.6 所示。其中，输入量为导通电流 I_c，冷却水温度 T_{cool}，冷却水流速 v_{cool}，输出量为 T_{BL}、T_{BM} 和 T_{BR}。一般认为新出厂的 IGBT 器件正常运行的壳温数据为正常数据，将这些正常壳温数据作为 BP 神经网络的训练样本。

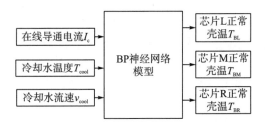

图 4.6　BP 神经网络模型输入和输出量示意图

4) 基板焊层劣化度

考虑到基板焊层早期脱落首先发生于 IGBT 器件四周的边角处，随着基板焊层不断脱落，芯片 L、R、M 的结温会发生不同程度的上升。一般来说，IGBT 器件基板焊层左、右侧焊层会出现不同程度的脱落，脱落面积越多，与其相近的 IGBT 芯片底部温度上升越高，故可分别将左右两侧 IGBT 芯片壳温与其正常壳温进行比较判断，其中温差最大侧可表征整个基板焊层劣化程度。为了量化 IGBT 器件基板焊层的劣化程度，引入劣化度概念，即利用芯片间的温差来反映基板焊层劣化情况，则劣化度 g 计算式为

$$g(T_{Mi}) = \frac{T_{Mi} - T_{BMi}}{T_{BMi}} \tag{4.2}$$

式中，$T_{BMi} = T_{BM} - T_{Bi}$，$(i = L, R)$。以风电机组评估指标的状态划分情况为依据，将基板焊层分为四个等级：$L = \{l_1, l_2, l_3, l_4\} = \{$良好，合格，注意，严重$\}$，所确定的各等级所属的劣化度区间为：$l_1 \in [0, 0.30)$、$l_2 \in [0.30, 0.55)$、$l_3 \in [0.55, 0.80)$、$l_4 \in [0.80, \infty)$。

4.2.2　IGBT 器件基板焊层状态评估步骤

基于芯片 L、R、M 的在线壳温 T_L、T_R、T_M 时间序列数据，在确定芯片稳态壳温后，依据基板焊层状态评估流程获得焊层劣化度，见图 4.7 所示。首先，将在线导通电流 I_c、冷却水温度 T_{cool}、冷却水流速 v_{cool} 作为 BP 神经网络模型输入，得到各芯片正常稳态壳温 T_{BL}、T_{BM} 和 T_{BR}；然后，判断左右两侧实测壳温与正常壳温间温差的大小，若 T_{LL} 大于 T_{RR}，即基板焊层左侧脱落较大，故通过左侧的实测温差和正常温差，利用式 (4.2) 计算得到基板焊层劣化度；反之，通过右侧的实测温差和正常温差，利用式 (4.2) 计算得到基板焊层劣化度。

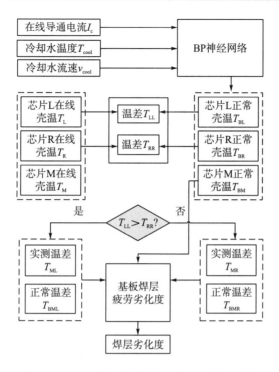

图 4.7　IGBT 器件基板焊层劣化度评估流程图

4.3　IGBT 器件基板焊层脱落状态监测与评估

4.3.1　基板焊层脱落模拟实验平台简介

为了验证所建有限元模型和基板焊层状态监测评估方法的有效性，利用风电变流器实验平台，在 IGBT 器件底壳下增加薄层金属板，并在每个 IGBT 芯片的底壳下安装温度传感器，通过改变金属板面积大小模拟基板焊层脱落的过程，即金属板面积越小，脱落度越大。

实验平台包括风电变流器装置（图 3.26）及其控制实验平台（图 4.8），其中，风电变流器装置主要包括机侧变流器与网侧变流器、冷却装置和感性负载；控制设备可以控制冷却水的流速、机侧电流幅值和频率，以及监测冷却水温等参数。

机侧变流器实验电气结构图如图 4.9 所示，经过网侧变流器和直流环节后，为机侧变流器提供直流电源 V_{DC}，电阻与电感串联作为电路负载。通过开环控制设置不同电流，采用 SVPWM 控制策略控制 IGBT 器件开通和关断。实验平台参数与采集设备型号如表 4.1 所示。以机侧变流器 A 相上桥臂 VT_1 为实验研究对象，分别通过电流、温度采集装置，实时采集 VT_1 的电流和各芯片底部壳温。

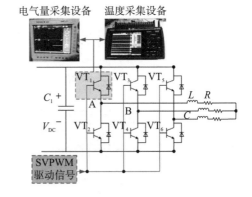

图 4.8 风电变流器装置控制实验平台   图 4.9 机侧变流器实验电气结构图

表 4.1 实验平台参数

设备及参数	参数值	设备及参数	参数值
直流电压 V_{DC}	1050V	负载电感 L	0.4mH
直流侧电容 C_1	2350F	吸收电容 C	0.68μF
开关频率 f_s	3000Hz	温度采集设备	OMRON ZR-RX45
负载电阻 R	0.01Ω	电气量采集设备	YOKOGAWA DL850

4.3.2 有限元模型有效性验证

为了证明所建立 IGBT 器件有限元模型的有效性，在基板焊层未发生脱落（即 IGBT 器件处于健康状态）时，将所建有限元模型计算得到的壳温与实验中采集的壳温数据进行对比验证。图 4.10 为 IGBT 器件基板焊层未脱落时实验情况，在金属薄板中开 3 个槽，并置入温度传感器，采用导热胶于其表面涂抹均匀，并将 IGBT 器件及其驱动电路板放置在金属薄板固定，最后在实验平台上开展实验。

(a)   (b)

图 4.10 IGBT 器件基板焊层未脱落时实验情况

当机侧变流器相电流设定为 30A、50A 和 75A 时，各芯片底壳温度见图 4.11 所示。

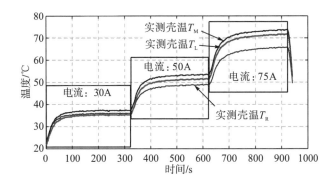

图 4.11　不同激励电流下 IGBT 芯片的壳温变化情况

从图 4.11 可知，当 IGBT 器件导通时，与图 4.5 趋势相同，芯片壳温经过短暂的暂态过程(60s 左右)上升至稳态；当电流逐渐增加时，各芯片稳态壳温不断增大。图 4.12 为有限元仿真值与实测值对比情况，可见在相同的激励电流下，各芯片壳温大小相差很小。

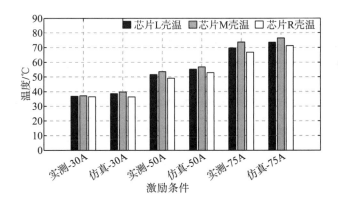

图 4.12　不同激励电流下的各芯片稳态壳温

表 4.2 为不同电流下仿真与实测条件下的芯片间壳温差，其中，各芯片温差是芯片间的稳态壳温差。从表 4.2 中可见各芯片的相对壳温差略有不同，原因是仿真值设定理想的激励电流和散热条件，而实际 IGBT 器件受散热条件以及温度传感器的测量精度等因素影响，不可避免地会与仿真值出现偏差。

表 4.2　不同激励电流下芯片间的壳温差

激励电流/A	芯片 M、L 壳温差/℃		芯片 M、R 壳温差/℃	
	实测 T_{ML}	仿真 T_{BML}	实测 T_{MR}	仿真 T_{BMR}
30	1.1	1.2	1.4	3.4
50	2.0	1.5	4.5	3.9
75	3.2	2.8	6.5	5.2

通过上述对比可知,采用所建三维有限元模型的变流器壳温仿真值与实际壳温监测值基本趋势一致,说明所建三维有限元模型是有效的。

4.3.3　基板焊层状态评估方法有效性验证

1) 样本获取与 BP 神经网络有效性验证

鉴于获取大量实验样本耗时较长,故本节通过有限元模型仿真获取 BP 神经网络所需要的样本训练数据。由于实验用风电变流器为两组并联结构,且对 IGBT 器件预留较大的工作裕量,为工作最大电流的 2～3 倍,故 IGBT 器件实际工作电流为 50～100A。因此,当基板焊层无脱落时,针对电流为 50A、60A、70A、80A、90A 和 100A,以及冷却水温度为 20℃、30℃和 40℃条件下,冷却水流速 0.75m/s、1m/s、1.25m/s 的不同工况下,开展有限元模型仿真,将仿真数据作为训练样本。表 4.3 为实测值与采用 BP 神经网络计算值的对比,最大误差绝对值为 2.38%,其计算值与实测值温差仅为 1.2℃。可见 BP 神经网络满足精度要求。

表 4.3　基板焊层无脱落时 BP 神经网络计算和实测芯片稳态壳温对比

激励电流/A	芯片 L 壳温			芯片 M 壳温			芯片 R 壳温		
	实测 T_L/℃	仿真 T_{BL}/℃	误差/%	实测 T_M/℃	仿真 T_{BM}/℃	误差/%	实测 T_R/℃	仿真 T_{BR}/℃	误差/%
30	36.7	36.1	−1.66	37.8	38.4	1.56	36.4	35.7	−1.96
50	51.6	50.4	−2.38	53.6	54.8	2.19	49.1	49.8	1.41
75	70.7	69.6	−1.58	73.9	74.7	1.07	67.4	68.1	1.03

2) 基板焊层脱落情况下劣化度计算

为验证所提评估模型有效性,通过剪切金属薄片的边角模拟基板焊层脱落情况。针对图 4.10 所示的金属板,对其左右侧金属材料均剪切相同的面积,如图 4.13 所示,剪切掉的面积共占原面积的 17%。

当通过电流 30A、50A 和 75A，冷却水温度为 21~21.5℃，冷却水流速为 1m/s 时，实测的芯片壳温变化情况如图 4.14 所示。

图 4.13　剪切掉 17%面积的金属薄板

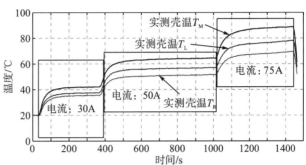

图 4.14　基板焊层脱落度为 17%时 IGBT 芯片的壳温变化情况

结合图 4.14，基板焊层无脱落和脱落度为 17%的稳态壳温见表 4.4 所示，与无脱落的情况相比，脱落后各激励电流下的壳温都有不同程度的上升，其中 T_M 上升幅度最大，分别为 4.3℃、10.0℃和 13.2℃。

表 4.4　基板焊层脱落度为 17%时各芯片实测稳态壳温对比

基板焊层状态	激励电流/A	芯片壳温/℃		
		T_L	T_M	T_R
无脱落	30	36.7	37.8	36.4
	50	51.6	53.6	49.1
	75	70.7	73.9	67.4
脱落度为 17%	30	38.2	42.1	37.6
	50	56.3	63.6	51.4
	75	78.3	87.1	69.8

按照前述的评估流程，劣化度计算步骤如下：

(1) 获取正常芯片稳态壳温差。通过 BP 神经网络得到的激励电流为 30A、50A 和 75A 时各芯片的正常壳温，进一步计算得到稳态壳温差 T_{BML} 和 T_{BMR}，见表 4.5。

(2) 获取焊层脱落下芯片稳态壳温差。依据表 4.4 中脱落度为 17%时的壳温数据，计算得到不同电流下实测的 T_{ML} 和 T_{MR}，见表 4.5。

(3) 判断左右侧焊层劣化情况。将表 4.4 中焊层脱落度为 17%的 T_L、T_R 与表 4.3 中采用 BP 神经网络计算的壳温分别相减，其差值如表 4.6 所示，可见 $T_{LL} > T_{RR}$，故判别器件左侧劣化较右侧严重。原因是与右侧芯片 R 相比，左侧芯片 L 位置距离上更靠近器件边缘，当两侧剪切相同的金属板面积时，左侧芯片 L 的散热条件更差，故劣化情况较右侧严重。

表 4.5　不同激励电流下 BP 神经网络计算和实测芯片间壳温差

激励电流/A	芯片 M、L 壳温差/℃		芯片 M、R 壳温差/℃	
	仿真 T_{BML}	实测 T_{ML}	仿真 T_{BMR}	实测 T_{MR}
30	2.3	3.9	2.7	4.5
50	4.4	7.3	5.0	12.2
75	5.1	8.8	6.6	17.3

表 4.6　IGBT 器件左右两侧劣化程度判断结果

激励电流/A	焊层脱落度为 7%时与 BP 神经网络计算值壳温差/℃		劣化程度判断结果
	T_{LL}	T_{RR}	
30	2.1	1.9	左侧
50	5.9	1.6	左侧
75	8.7	1.7	左侧

(4)劣化度计算。依据表 4.3 和表 4.5 中的数据，计算不同激励电流下的基板焊层评估结果见表 4.7 所示。可见在不同激励电流下，其劣化度评估结果也不同，劣化度为 0.6591～0.7255，根据状态划分等级，此时基板焊层处于"注意"等级；另外，根据文献[48]所提的脱落度大于 50%时，功率器件发生失效概率较大，可见脱落度为 17%时，基板焊层处于"注意"等级是合理的。

表 4.7　不同激励电流下基板焊层(T_{ML})评估结果

激励电流/A	劣化度 g
30	0.6957
50	0.6591
75	0.7255

3)基板焊层脱落度与劣化度关系

为了获得基板焊层脱落度与劣化度关系，将不同脱落度下的有限元仿真壳温数据，通过所提出评估模型进行拟合，获得了脱落度与劣化度的关系，如图 4.15 所示，可见劣化度随着脱落度的增大呈非线性增加。另外，在不同电流下，施加相对大的激励电流时，所获得劣化度相对偏高，原因是随着电流增大，IGBT 芯片功率损耗增大，温度增高，不可避免地会造成芯片间热耦合程度有差异，中间芯片温度相对增大，导致评估结果出现差异。

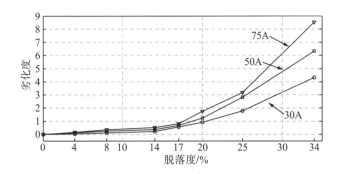

图 4.15　脱落度与劣化度的关系

4.4　风电变流器 IGBT 器件键合线失效下电热特性仿真分析

4.4.1　IGBT 器件键合线失效分析

本节同样以某 1.5 MW 风电变流器 IGBT 器件(型号 FF450R17ME4)为对象开展研究，如图 4.16。通过芯片和键合线导通电流，功率损耗波动引起 IGBT 器件中结温分布变化。由于键合线和硅芯片的热膨胀系数不同，键合线和硅芯片间存在的压缩及拉伸应力差使键合线上逐渐产生裂纹，最终键合线脱落且 IGBT 器件失效。IGBT 器件上的铝键合线脱落形式如图 4.17 所示，可见键合线已与硅芯片明显剥落。一般情况下，IGBT 芯片和 FWD 之间是由多根键合线连接，其中一根或多根键合线发生脱落，会使电流重新分配，造成未脱落的键合线承受更大的热应力，进一步加快其脱落速度。

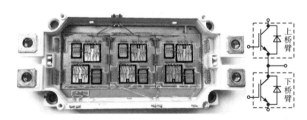

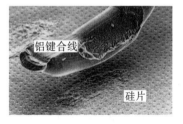

图 4.16　风电变流器 IGBT 器件及等效电路图　　图 4.17　塑封 IGBT 器件铝键合线
　　　　　　　　　　　　　　　　　　　　　　　　　　　脱落失效示意图

4.4.2　键合线无脱落时 IGBT 器件电热特性分析

以 IGBT 器件的上桥臂为研究对象，采用第 3 章中所建立的有限元仿真模型，开展键合线无脱落时 IGBT 模块电热特性研究。为了减少有限元模型的计算求解时间，仅对上桥臂开展电热特性研究。

1) 键合线无脱落时 IGBT 器件温度分布

当上桥臂 IGBT 芯片通过电流 50 A 时，IGBT 器件的温度分布如图 4.18 所示，IGBT 器件温度范围为 34.1～72.1℃。为了能掌握 IGBT 芯片上高温集中分布情况，提取大于 67.00℃ 的温度值，如图 4.18(b)，可知高温主要集中在 IGBT 芯片表面。由于芯片之间存在热耦合作用，造成各芯片表面温度不一致，芯片 L、M 和 R 结温最大值依次为 69.81℃、72.13℃ 和 68.39℃。与芯片 R 到基板右侧距离相比，芯片 L 的左侧与基板左侧距离较近，因此两组芯片散热条件之间有所差异，使得芯片 L 的温度最大值高于芯片 R 1.42℃。另外，从图 4.18(b) 可知，芯片 M 中大于 67.00℃ 温度范围面积最大，其次是芯片 L，芯片 R 最小。此外，在键合线无脱落时，各芯片的最高温度集中在芯片表面，键合线高温主要集中在芯片最高温度的上方，最大温度略低于芯片表面最大值。综上分析可知，IGBT 模块导通时，高温主要分布在芯片表面，且受芯片空间位置分布影响，芯片间的热耦合强度不同，一般处于中间位置的芯片，其温度梯度变化范围最大。

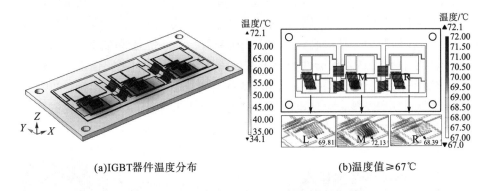

(a)IGBT器件温度分布　　　　　　　　　　(b)温度值≥67℃

图 4.18　键合线无脱落时 IGBT 器件温度分布情况

2) 键合线无脱落时 IGBT 器件电势分布

在电热耦合作用下，键合线无脱落时 IGBT 器件电势分布如图 4.19 所示，此时 IGBT 器件导通压降为 1.0878V，高电势与低电势分布较为明显，电势梯度在芯片上分布较为明显，如芯片 M。芯片 L、M 和 R 的压降依次为 1.0766 V、1.0747 V 和 1.0703 V，各芯片上方的键合线压降差分别为 0.0085 V、0.0086 V、0.0086 V，可见，在键合线无脱落时，各芯片及其上方的键合线压降差别不大。

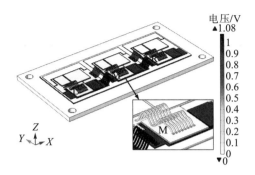

图 4.19　键合线无脱落时 IGBT 器件电势分布

4.4.3　键合线脱落时 IGBT 器件电热特性分析

为了研究键合线脱落时 IGBT 器件电热分布情况，且考虑到键合线温度越高，承受热应力越大，脱落概率越大，本节假设键合线脱落顺序依次为芯片 M、芯片 L 和芯片 R，脱落的键合线根数依次为 1、2、3、…、16 根，开展键合线脱落时的 IGBT 器件电热特性研究。

1. 键合线脱落时 IGBT 器件温度分布

一般情况下，施加激励电流越大，IGBT 器件的各部分相对温度越高。当上桥臂 IGBT 芯片通过电流 50 A 时，对 1～16 根键合线脱落时 IGBT 芯片及键合线最高温度进行分析，见表 4.8。

(1) 0～7 根键合线逐根脱落(即芯片 M 的 0～7 根键合线逐个脱落)。当 0～7 根键合线逐根脱落时，由于单根键合线电阻远小于 IGBT 芯片的导通电阻[73]，故芯片 M 的未脱落键合线导通电流的增量将远大于其他芯片未脱落键合线导通电流的增量。从表 4.8 中各芯片键合线最大温度 T_w 可见，随着键合线逐根脱落，芯片 L 和芯片 R 键合线的最大温度 T_wL 和 T_wR 不断增加，但增大幅值不大，最大增幅分别为 2.62℃和 0.53℃，而芯片 M 的未脱落键合线温度最大值 T_wM 不断增大，由 70.11℃ 上升到 127.41℃，增量为 57.30℃。另外，芯片 L 和 R 最大温度 T_L 和 T_R 总体呈上升趋势，T_M 呈下降趋势，但各芯片最大温度相差不大，最大相差 2.13℃。

(2) 8～15 根键合线逐根脱落(即芯片 M 的键合线完全脱落，芯片 L 的 0～7 根键合线逐根脱落)。相比第 7 根键合线脱落时芯片和键合线的温度，当第 8 根键合线脱落时，T_L、T_wL、T_R、T_wR 温度骤升。另外，9～15 根键合线逐根脱落，T_L、T_R、T_wR 变化不大，但 T_wL 由 80.57℃上升到 148.20℃。

(3) 16 根键合线脱落(即芯片 M 和 L 的键合线完全脱落)。当 16 根键合线脱落时，T_R 和 T_wR 分别骤然上升到 109.16℃和 112.61℃，可见此时仅有芯片 R 承受较高热应力，将进一步加速 IGBT 器件失效。

综上分析可知，键合线脱落根数的增加，对芯片温度变化影响较小，但将不断引起芯片上未发生脱落的键合线温度升高。某个芯片键合线完全脱落时，电流重新分配到其他芯片及导通键合线，引起其他芯片表面温度及键合线温度突变升高。

表 4.8　键合线脱落时 IGBT 芯片及键合线的最高温度　　　　　　（单位：℃）

脱落根数	T_L	T_M	T_R	T_{wL}	T_{wM}	T_{wR}
0	69.81	72.13	68.39	68.07	70.11	66.96
1	69.82	72.12	68.42	68.12	70.44	66.74
2	69.82	72.12	68.56	68.45	70.55	66.84
3	69.79	72.12	68.67	68.79	70.68	66.08
4	69.78	72.10	68.71	68.88	70.71	66.17
5	70.77	71.57	69.10	69.04	84.03	66.93
6	71.15	71.94	69.49	69.46	104.28	67.01
7	71.94	71.39	69.62	70.69	127.41	67.49
8	84.16	42.10	80.80	80.41	—	77.64
9	84.21	42.19	80.98	80.57	—	77.78
10	84.33	42.19	81.24	80.69	—	77.87
11	84.25	42.26	81.57	80.92	—	78.02
12	84.77	42.30	81.52	81.71	—	78.32
13	84.89	42.55	82.20	112.27	—	79.11
14	85.36	42.64	84.35	129.38	—	80.90
15	86.83	43.41	84.68	148.20	—	83.20
16	43.77	69.72	109.16	—	—	112.61

为了进一步了解键合线脱落下的 IGBT 器件温度分布，分别对单芯片上键合线逐根脱落与单芯片键合线全部脱落情况下的 IGBT 器件的温度分布情况进行详述。

(1) 单芯片上键合线逐根脱落的 IGBT 器件温度分布情况。芯片 M 脱落 4～7 根键合线时，大于 67℃的 IGBT 器件温度分布如图 4.20 所示。可见当脱落 4 根键合线时，与图 4.18 中键合线无脱落时的各芯片温度分布及温度梯度差别不大，最高温度 72.1℃分布在芯片 M 表面；当脱落 5 根时[图 4.20(b)]，与图 4.20(a)所示最高温度分布在芯片 M 表面不同，此时最高温度 84.03℃集中分布在芯片 M 上方的键合线上；随着键合线逐根脱落为 6 根和 7 根时，芯片 M 上方的键合线温度不断增大，分别如图 4.20(c)和图 4.20(d)所示，最高温度分别达到 104.28℃和 127.41℃。综上所述可知，当单芯片上键合线逐根脱落时，最高温度从芯片表面逐渐集中在键合线上，且温度不断增高；芯片上键合线逐根脱落，仅会改变芯片及键合线上温度分布，对其他未发生键合线脱落的芯片及键合线温度分布影响较小。

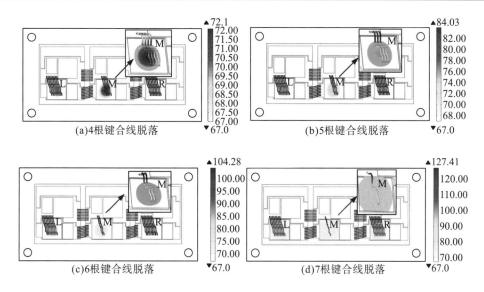

图 4.20　芯片 M 键合线逐根脱落时 IGBT 器件温度分布(单位：℃)

(2)单芯片上键合线全部脱落时 IGBT 器件温度分布情况。脱落 4、8、12、16 根键合线时，大于 67.00℃的 IGBT 器件温度分布如图 4.21 所示。从图 4.21(a)可知，当脱落 4 根时，与图 4.18 中各芯片的表面温度面积、分布形状及温度梯度差别不大；与图 4.21(a)相比，当芯片 M 中 8 根键合线全部脱落时[图 4.21(b)]，芯片 L 和 R 的表面温度面积、分布形状差别明显不同，温度梯度变化较大，范围为 67.00~84.16℃；与图 4.21(b)相比，当芯片 L 中 4 根键合线脱落时[图 4.21(c)]，

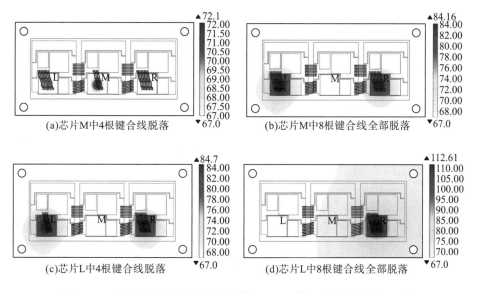

图 4.21　芯片上键合线全部脱落时的 IGBT 器件温度分布(单位：℃)

芯片 L 和 R 的温度面积、分布形状及温度梯度变化较小；当芯片 L 中 8 根键合线全部脱落时（即脱落 16 根键合线）如图 4.21(d) 所示，芯片 R 的表面温度面积、分布形状及温度梯度明显增大，温度最大值为 112.61℃。综上分析可知，当芯片上键合线全部脱落（即单个芯片逐个失效时），会使电流进行重新分配，引起其他未失效芯片表面温度骤然上升，进而加速整个 IGBT 器件失效。

2. 键合线脱落时 IGBT 器件电势分布

当上桥臂 IGBT 芯片通过电流为 50 A、0～16 根键合线脱落时，IGBT 器件上桥臂导通压降、芯片及键合线压降的数据如表 4.9 所示。

表 4.9　键合线脱落时 IGBT 芯片及键合线压降变化情况

脱落根数	导通压降/V	芯片压降/V			键合线压降/V		
		U_L	U_M	U_R	U_{wL}	U_{wM}	U_{wR}
0	1.0878	1.0766	1.0747	1.0703	0.0085	0.0086	0.0086
1	1.0882	1.0784	1.0733	1.0706	0.0085	0.0093	0.0086
2	1.0894	1.0791	1.0719	1.0721	0.0086	0.0123	0.0086
3	1.0907	1.0798	1.0713	1.0729	0.0087	0.0173	0.0086
4	1.0924	1.0819	1.0708	1.0748	0.0088	0.0180	0.0086
5	1.0963	1.0855	1.0676	1.0786	0.0088	0.0245	0.0086
6	1.1032	1.0922	1.0594	1.0858	0.0088	0.0389	0.0087
7	1.1095	1.0980	1.0155	1.0916	0.0089	0.0417	0.0087
8	1.2035	1.1841	—	1.1838	0.0161	—	0.0166
9	1.2084	1.1807	—	1.1884	0.0168	—	0.0167
10	1.2129	1.1804	—	1.1914	0.0192	—	0.0167
11	1.2174	1.1800	—	1.2014	0.0243	—	0.0168
12	1.2203	1.1892	—	1.2021	0.0335	—	0.0169
13	1.2325	1.1842	—	1.2181	0.0675	—	0.0172
14	1.2478	1.1772	—	1.2288	0.0819	—	0.0178
15	1.2617	1.1525	—	1.2442	0.1035	—	0.0193
16	1.4563	—	—	1.4425	—	—	0.0443

(1) 0～7 根键合线逐根脱落（即芯片 M 的 0～7 根键合线逐根脱落）。当 0～7 根键合线逐根脱落时，导通压降从 1.0878 V 到 1.1095 V 不断升高。芯片 L 和 R 的压降 U_L 和 U_R 不断升高，而芯片 M 的两端压降 U_M 逐渐降低，但变化幅度都不大。由于键合线发生脱落，引起电流重新分配，未脱落键合线承受的电流增加，进而引起其压降增加，其中，相比芯片 L 和 R，芯片 M 的键合线压降 U_{wM} 变化最大，由 0.0086 V 上升到 0.0417 V。

(2)8～15 根键合线逐根脱落(即芯片 M 的键合线完全脱落,芯片 L 的 0～7 根键合线逐根脱落)。当键合线第 8 根脱落时,即芯片 M 的键合线完全脱落,导通压降上升到 1.2035V,U_{wL} 和 U_{wR} 突变上升到 0.0161V 和 0.0166V。随着第 9～15 根键合线脱落,U_L、U_R、U_{wR} 变化不大,U_{wL} 由 0.0168 V 上升到 0.1035 V。

(3)16 根键合线脱落(即芯片 M 和 L 的键合线完全脱落)。当第 16 根键合线脱落时,电势变化明显,导通压降突变为 1.4563 V,U_R 和 U_{wR} 骤然上升到 1.4425V 和 0.0443V。

综上分析可知,IGBT 器件的导通压降随着导通电流增大而增加。键合线脱落对芯片压降影响较小,但随着键合线脱落根数增加,会引起芯片上未发生脱落的键合线压降升高。当芯片键合线完全脱落时,电流重新分配到其他芯片及键合线,引起其他芯片压降及键合线压降的突变上升,进而引起 IGBT 上桥臂导通压降突变增大。

当上桥臂 IGBT 芯片通过导通电流分别为 50 A 和 90 A 时,IGBT 器件导通压降变化如图 4.22 所示,从中可见,键合线脱落根数相同情况下的 IGBT 器件导通压降随着导通电流增大而增大,且随着芯片失效而突变增大。

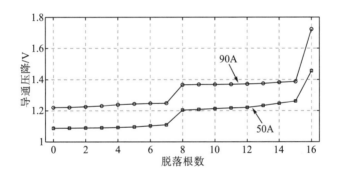

图 4.22　键合线逐根脱落时 IGBT 器件导通压降变化情况

综合上述键合线脱落下的 IGBT 器件电热特性分析,总结如下:

(1)在 IGBT 芯片导通电流时,键合线无脱落情况下各芯片及其上方的键合线温度及压降差距很小。另外,高温主要集中在芯片表面,且受芯片空间位置分布影响,芯片之间存在热耦合作用,一般处于中间位置的芯片表面温度梯度变化范围最大。

(2)芯片上键合线逐根脱落时,仅会改变芯片及键合线上温度分布变化,最高温度从芯片表面逐渐集中在键合线上,且温度不断增高,对其他未发生键合线脱落的芯片及键合线温度分布影响较小。当芯片上键合线全部脱落时,即芯片逐个失效时,电流会重新分配,引起其他未失效芯片表面温度骤然上升,进而加快整个 IGBT 器件失效速度。

（3）键合线脱落对芯片压降影响较小，但随着键合线脱落根数增加，芯片上未发生脱落的键合线的压降会逐渐升高。当某个芯片键合线完全脱落时，电流重新分配到其他芯片及键合线导通，引起其他芯片压降及键合线压降的突变上升，进而引起 IGBT 器件导通压降突变增大。

4.4.4　SVPWM 控制下 IGBT 器件导通电压

在风电变流器中，IGBT 器件的有序开通和关断可通过相应的控制策略来实现，常用的控制策略为 SVPWM 控制[74]。图 4.23 所示为 SVPWM 控制的电压矢量的复平面分布图，零矢量为 U_0 和 U_7，非零矢量 $U_1 \sim U_6$ 将复平面分解成 6 个扇区，每个扇区对应 $\pi/3$。每个扇区的范围将被两个非零基本空间矢量构成的两条边界所限定，在每个扇区利用非零矢量合成所需要的矢量 U_r，如扇区 I 被矢量 U_4 和 U_6 所限定，在扇区 I 由 U_4 和 U_6 线性组合产生矢量 U_r。

为了解空间矢量调制控制下的 IGBT 器件导通电压变化情况，以机侧变流器中 IGBT 器件为例进行说明。在图 4.24 中，$VT_1 \sim VT_6$ 分别代表机侧变流器三相上、下桥臂的 IGBT 器件。

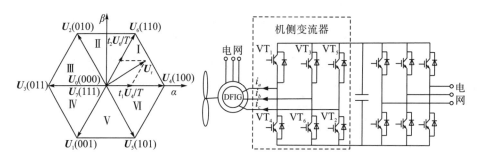

图 4.23　电压矢量的复平面分布图　　　　图 4.24　双馈风电机组变流器结构

在基于 SVPWM 控制的机侧变流器逆变过程中，设变流器直流环节电压 V_{DC} 不变，流过 IGBT 芯片的电流为正方向，FWD 导通压降为 0 V；周期 T_s 为 6 个扇区 I ～VI 的时间总和。基于 PLECS 软件中双馈风电机组仿真模型，VT_1 的驱动信号和导通压降 V_{ce} 的变化情况如图 4.25 所示。

（1）0～$0.5T_s$，对应于扇区VI、I 和 II，该期间通过 VT_1 中 IGBT 芯片导通正向电流。其中，在扇区 I 中 IGBT 芯片一直处于导通状态且持续正向导通电流，FWD 因被反向阻断故不通过电流，此时 VT_1 的导通压降 V_{ce} 为某个电压幅值，且几乎恒定不变；扇区VI和 II，根据 SVPWM 控制方式导通和关断 IGBT 芯片，有序控制正向电流导通时间，IGBT 芯片导通压降在 0 V 和 V_{DC} 区间内交替变化。

(2) 0.5～1T_s，对应于扇区Ⅲ、Ⅳ和Ⅴ，该期间通过 VT$_1$ 中 FWD 导通反向电流。其中，在扇区Ⅳ中 FWD 一直处于非导通状态且无电流通过，此时 VT$_1$ 的导通压降为 V_{DC}；扇区Ⅲ和Ⅴ，根据 SVPWM 控制方式生成零矢量 U_0 或 U_7，且同时交替导通和关断 FWD，有序控制反向电流流通时间。

从图 4.25 中的扇区Ⅵ和Ⅱ导通压降可见，导通时间极短且提取极其困难；然而，在扇区Ⅰ中导通压降持续导通 1/6 周期，且幅值几乎为恒定，可将其作为开展 IGBT 器件有效芯片数目评估研究的基础。

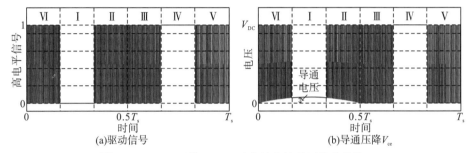

图 4.25　IGBT 器件 VT$_1$ 驱动信号和导通压降变化情况

4.5　风电变流器 IGBT 器件可用芯片数目评估方法

4.5.1　IGBT 器件可用芯片数目评估模型

由于 IGBT 器件一般是由 n 个 IGBT 芯片并联组成，在某个参考温度 T_0 下，IGBT 芯片的导通压降可表示为

$$V_{ce} = R_{ce}\frac{i_c}{n} + l\frac{di_c}{dt} + V_0 \tag{4.3}$$

式中，i_c 为导通电流；当 $di_c/dt \approx 0$ 时，导通压降 V_{ce} 将不受寄生电感 l 影响，只与参考电阻 R_{ce} 有关，R_{ce} 是在某个参考温度 T_0 的电阻值。

基于在电阻正温度系数下可近似认为导通压降和电流为线性关系[43]，根据电阻的伏安特性以及欧姆定律，n 个 IGBT 芯片并联均流时，等效电阻值为

$$R_{ce}\left[1 + \alpha(T^{(n)} - T_0)\right] = n\frac{V_{ce}^{(n)} - V_0}{i_c^{(n)}} \tag{4.4}$$

式中，$V_{ce}^{(n)}$ 和 $T^{(n)}$ 分别为 n 个 IGBT 芯片并联时的导通压降和芯片结温；$i_c^{(n)}$ 为 n 个 IGBT 芯片并联时 IGBT 器件导通电流；α 为电阻正温度系数。

当某些芯片因键合线全部脱落而失效，剩下 m 个 IGBT 芯片并联时，等效电阻值为

$$R_{ce}\left[1+\alpha\left(T^{(m)}-T_0\right)\right]=m\frac{V_{ce}^{(m)}-V_0}{i_c^{(m)}} \tag{4.5}$$

式中，$V_{ce}^{(m)}$ 和 $T^{(m)}$ 分别为 m 个 IGBT 芯片并联时的导通压降和芯片结温，$n \geqslant m > 0$。

依据式 (4.4)、式 (4.5)，可得到 IGBT 器件中剩余可用 IGBT 芯片的数量为

$$m=\frac{(V_{ce}^{(n)}-V_0)i_c^{(m)}\left[1+\alpha\left(T^{(m)}-T_0\right)\right]}{(V_{ce}^{(m)}-V_0)i_c^{(n)}\left[1+\alpha\left(T^{(n)}-T_0\right)\right]}n \tag{4.6}$$

式中，在 $1+\alpha\left(T^{(m)}-T_0\right)$ 和 $1+\alpha\left(T^{(n)}-T_0\right)$ 中，α 为电阻正温度系数，绝对值的取值为 $0.0001 \sim 0.001$，可认为 $1+\alpha\left(T^{(m)}-T\right)\approx 1+\alpha\left(T^{(n)}-T\right)$，故式 (4.6) 可简化为

$$m=\frac{(V_{ce}^{(n)}-V_0)i_c^{(m)}}{(V_{ce}^{(m)}-V_0)i_c^{(n)}}n \tag{4.7}$$

当 $i_c^{(n)}=i_c^{(m)}$ 时，式 (4.7) 可进一步简化为

$$m=\frac{(V_{ce}^{(n)}-V_0)}{(V_{ce}^{(m)}-V_0)}n \tag{4.8}$$

综上可见，采用 IGBT 芯片的导通电流 i_c 和导通压降 V_{ce} 监测数据，通过式 (4.8)，可得到器件中可用 IGBT 芯片数量。

需要说明的是，固有电压 V_0 可依据 IGBT 器件的电流和电压输出特性，通过线性拟合方法求取。另外，在实际中所获取的导通电压和电流不可避免地会存在一定的误差，采用式 (4.8) 计算得到的 m 很难保证为正整数，故需对式 (4.8) 所计算的结果进行四舍五入取整，以得到 IGBT 器件可用芯片数目的个数。

如 4.2 节，引入劣化度的概念，表征 IGBT 器件因键合线脱落而导致芯片失效的相对劣化情况，劣化度越小芯片越优，IGBT 器件可用芯片的劣化度计算式为

$$g(m)=\frac{n-m}{n} \tag{4.9}$$

4.5.2   IGBT 器件可用芯片数目评估流程

依据上述内容，IGBT 器件可用芯片数目评估流程如图 4.26 所示。首先，采集导通电压和导通电流的原始数据，提取 IGBT 器件持续导通时扇区中的导通压降和导通电流数据，在通过移动平均降噪后，求取 i_c 和 V_{ce} 的平均值；其次，根据 IGBT 芯片的输出特性数据得到 $i_c^{(n)}$ 对应的 $V_{ce}^{(n)}$，以及 IGBT 芯片的初始芯片数目 n 采用线性拟合方法，求取 V_0；利用式 (4.7) 并结合采集的 i_c 和 V_{ce} 作为所提的模型输入，计算得到可用 IGBT 芯片数量；最后，通过四舍五入取整得到 IGBT 器件中可用芯片个数。

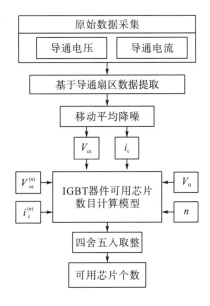

图 4.26　IGBT 器件可用芯片数量评估流程图

4.6　IGBT 器件键合线失效下可用芯片数目评估实验分析

4.6.1　IGBT 器件输出特性

为了验证所提出的 IGBT 器件可用芯片数目评估方法的有效性,通过剪切键合线模拟 IGBT 芯片键合线脱落失效过程。考虑其裕量一般为最大工作电流的 2～3 倍,该型号 IGBT 器件实际工作电流的有效值一般为 50～100A。IGBT 器件结温在 25℃时的电阻和电阻温度系数如表 4.10 所示,另外,随着电流增大,电阻温度系数由反向正变化,在导通电流为 90A 左右时,电阻温度系数为 0。IGBT 器件的输出特性如图 4.27 所示,结合表 4.10 可知,在芯片结温恒定且电阻温度系数大于 0 时,导通压降与导通电流可近似为线性关系。

表 4.10　结温 25℃时 IGBT 器件的电阻及其电阻温度系数

导通电流/A	电阻/Ω	导通压降/V	电阻温度系数	导通电流/A	电阻/Ω	导通压降/V	电阻温度系数
30	0.104	1.04	−0.00405	180	0.0242	1.452	0.00089
60	0.0575	1.15	−0.00061	210	0.022	1.54	0.00084
90	0.041	1.23	0	240	0.02	1.6	0.00119
120	0.0328	1.312	0.00031	270	0.0183	1.647	0.00139
150	0.028	1.4	0.00036	300	0.0173	1.73	0.00139

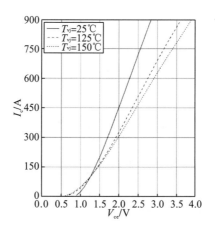

图 4.27　IGBT 器件输出特性

4.6.2　键合线失效下可用芯片数目评估实验平台

机侧变流器实验电气结构如图 4.28 所示，采用 SVPWM 调制方式，通过开环控制机侧电流幅值和频率，电阻与电感串联作为电路负载。实验平台参数与采集设备型号如表 4.11 所示。以机侧变流器 A 相上桥臂 VT_1 为实验研究对象，通过电压采集装置，实时采集 VT_1 的导通压降。

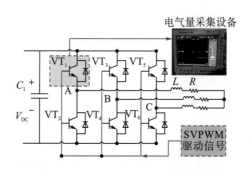

图 4.28　机侧变流器实验电气结构图

表 4.11　实验平台参数与采集设备型号

设备或参数	参数值	设备或参数	参数值
直流电压 V_{DC}	24 V	负载电感 L	0.09mH
直流侧电容 C_1	4700μF	吸收电容 C	0.68μF
开关频率 f_s	3000Hz	电气量采集设备	YOKOGAWA DL850
负载电阻 R	0.01Ω		

实验平台的结构示意图和设备如图 4.29 所示，包括机侧变流器、低压发波测试台、控制平台、电压采集装置 4 部分。低压发波测试台功能是通过直流稳压电源模拟风电变流器直流侧；在电路结构上实现机侧变流器与其感性负载相连接；发出 SVPWM 信号并驱动 IGBT 器件导通。控制平台与低压发波测试台配合，可调节机侧输出电流幅值和频率等参数。

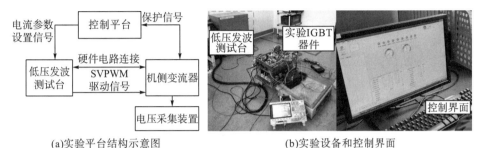

(a)实验平台结构示意图　　　　　　　　(b)实验设备和控制界面

图 4.29　风电变流器实验平台

4.6.3　IGBT 器件可用芯片数目计算的有效性验证

基于机侧变流器 IGBT 器件实际输出的相电流为 50～100A，以及在正电阻温度系数下，流过 IGBT 的电流越大，其电压输出特性变化越明显，故本实验将相电流设置为 90A。

1）导通电压数据获取

实验通过剪切键合线模拟实际 IGBT 芯片因键合线脱落而失效的过程，分别将 0、1、2 个 IGBT 芯片上的键合线全部剪切，如图 4.30 所示。

(a)0个芯片失效(无键合线剪切)　　　　　(b)1个芯片失效

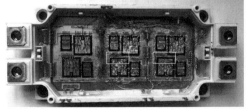

(c)2个芯片失效

图 4.30　IGBT 器件键合线剪切情况

　　设置机侧变流器相电流输出为 90A，共采集 3 组数据，分别获取 0、1、2 个 IGBT 芯片失效时的导通压降。图 4.31 为 IGBT 器件无键合线脱落时的导通压降变化情况，图 4.31 中虚线矩形框对应于 SVPWM 控制的扇区Ⅰ，可见在扇区Ⅰ中 IGBT 芯片连续导通，且导通压降几乎恒定不变，平均值为 1.26 V，与表 4.10 中的 1.23 V 相近。可见实验所测数据是有效的。

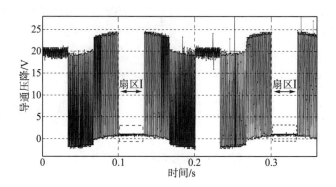

图 4.31　键合线无脱落时的 IGBT 器件导通压降

　　为了进行不同程度芯片失效下的导通压降对比，通过实验提取 0、1、2 个 IGBT 芯片失效时扇区Ⅰ的导通压降，移动平均降噪后如图 4.32 所示。可见随着 1、2 个芯片失效，导通压降逐步升高，平均值由 1.26 V 分别上升到 1.38 V 和 1.74 V。

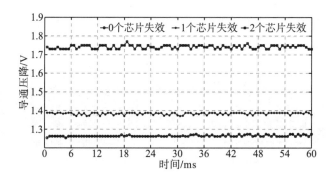

图 4.32　不同程度芯片失效时的 IGBT 器件导通压降

2)固有电压 V_0 的范围确定

　　(1)结温为 25℃。依据表中电流为 90~300A 和结温为 25℃时的导通压降，通过最小二乘法，拟合获取导通压降表达式为

$$V_{ce} = R_{ce}\frac{i_c}{n} + V_0 = 0.007\frac{i_c}{3} + 1.0352 \tag{4.10}$$

可得，V_0=1.0352 V。

（2）结温为 125℃。与（1）同理，并结合式（4.5）依据电阻温度系数，通过最小二乘法，拟合获取导通压降为

$$V_{ce} = R_{ce}\frac{i_c}{n} + V_0 = 0.0106\frac{i_c}{3} + 0.9258 \tag{4.11}$$

可得，V_0=0.9258 V。

综合上述，固有电压 $V_0 \in \left[0.9258, \ 1.0352\right]$。

3）IGBT 器件可用芯片数目计算

采用式（4.8），结合 $V_0 \in \left[0.9258, \ 1.0352\right]$，可计算得到 IGBT 器件可用芯片数目。如当 1 个芯片失效时，导通压降为 1.38V，从表 4.10 可知当电流为 90A 时 $V_{ce}^{(n)} = 1.23$ V，结合 $V_0 \in \left[0.9258, \ 1.0352\right]$，通过式（4.8）可得到 IGBT 器件可用芯片数目。

（1）当 V_0=0.9258，计算得到

$$m = \frac{(1.23 - 0.9258)}{(1.38 - 0.9258)} \times 3 = 2.0092 \tag{4.12}$$

取整得 m=2。

（2）当 V_0=1.0352 时，计算得到

$$m = \frac{(1.23 - 1.0352)}{(1.38 - 1.0352)} \times 3 = 1.6948 \tag{4.13}$$

取整得 m=2。

同理，可计算出其他失效情况下可用芯片的数目，限于篇幅，不再举例。

将 IGBT 器件中 0、1、2 个芯片失效时可用芯片数目的计算结果与实际数目对比，其中对计算结果 m 取整（表 4.12）。从表中可看出，计算出的可用芯片数目与实际可用芯片数目一致。由此可见，所提的模型是正确有效的。

表 4.12　IGBT 器件可用芯片实际数目与计算数目对比

失效芯片个数	计算可用芯片数目 m 范围	取整后可用芯片数目	实际可用芯片数目	劣化度
0	2.7307＞m＞2.5996	3	3	0
1	2.0092＞m＞1.6948	2	2	0.3333
2	1.1208＞m＞0.8291	1	1	0.6667

4.7　本章小结

以某双馈风电机组变流器 IGBT 器件为研究对象，开展基于壳温差的风电变流器 IGBT 器件基板焊层脱落状态评估；提出一种基于扇区内持续导通压降的 IGBT 器件可用芯片数目的评估方法；针对因键合线失效导致的芯片失效问题，利用 IGBT 器件持续导通时扇区中导通压降数据，推导出导通压降与可用 IGBT 芯片数目之间的数学关系，从而构建了 IGBT 器件可用芯片数目计算模型。

主要结论如下：

(1)基板焊层无脱落时，相比两侧 IGBT 芯片壳温，位于器件中心处的 IGBT 芯片壳温最高。随着基板焊层边角脱落，脱落度增大，各芯片壳温都会不同程度增大，与两侧芯片壳温相比，中间芯片壳温上升最高。通过将实测数据和仿真数据对比分析，验证所建三维有限元模型是有效的；采用有限元仿真数据作为 BP 神经网络训练样本，通过与实测数据对比，验证 BP 神经网络所得壳温满足评估模型要求。

(2)提出采用壳温差作为表征基板焊层脱落程度的特征量；将 IGBT 器件各芯片壳温、导通电流、冷却水温度和流速数据代入评估模型，可实现对 IGBT 器件基板焊层脱落状态的评估。

(3)提出利用 IGBT 器件持续导通扇区中导通压降数据，开展 IGBT 器件可用芯片数目评估，并验证该方法是可行的。依据正电阻温度系数下导通压降和电流为线性关系，推导出导通压降与有效 IGBT 芯片数目之间的数学关系是正确的。在线监测 IGBT 器件导通电压和导通电流，利用所构建的模型，可计算出因键合线脱落发生芯片失效情况的 IGBT 器件的可用芯片数目。

第5章 基于多尺度应力累积的风电变流器 IGBT 器件寿命预测

对于半导体功率器件，老化的根源一般认为是温度的交变导致的热应力冲击，前面章节已经分析风电机组应用工况下变流器结温计算和分布特性，本章在此基础上进一步分析风电应用工况下变流器器件寿命特性。现有的解析和物理寿命模型是假定各次载荷的作用效果彼此独立，但是同样的冲击在寿命的不同阶段有不同的影响，尤其是风电应用工况下存在频繁、较小的温度波动，在穿越电网故障、风速剧烈波动等情况时，会产生更加剧烈的温度波动冲击[72]，且在老化过程的后期其影响越来越大。因此，有必要在寿命模型中引入实时的健康状态信息。由于老化特征的最初出现(如功率器件内部引线焊接出现初始裂纹)一般是由剧烈的冲击造成的，而频繁、较小的冲击对老化的初始发生没有太大的作用，但对老化过程的后期发展却有较大影响，甚至起到主要作用。在寿命模型中如何正确地反映该复杂关系，体现应力累积效应对功率器件失效的影响，还是一个尚未解决的难题。器件设计、系统管理都依赖较高精度的寿命预测模型，而建立高精度的寿命模型需要器件实际运行时的数据信息，建立传统的寿命模型主要是依据大载荷信息(与模型实际工作载荷相悖)或采用线性叠加的方式。采用传统模型实验发现，失效初期与失效后期退化速率不同，表明传统模型存在较大误差。

目前，器件失效主要包括引线失效和焊层失效，已有学者实验发现引线失效通常发生在结温超过 200℃或结温差大于 100℃的情况下。由于引线失效通常发生在焊层失效程度较大时，所以主要基于焊层失效建立寿命模型，不考虑引线失效。在变流器实际工况下，热载荷曲线呈现随机分布特性，而传统寿命模型通常采用小载荷作用或者线性累积模型；小载荷对老化的器件影响的结果证明了这两种方式的不合理性。所以本章建立了能反映大幅度温度冲击和持续性长期低强度应力作用下的疲劳累积效应 IGBT 功率器件分段寿命模型，并在不同载荷下对比计及低强度载荷与忽略小载荷、Miner 线性累积的差异。首先，设计 Coffin-Manson(科芬-曼森)模型在大载荷下的使用寿命为 20 年，且将不同幅值的低载荷和大载荷进行组合。采用雨流计数法提取随机载荷曲线的载荷幅值、均值和周期数，并进行疲劳累积计算，对比模型结果，得到小载荷分布对寿命模型计算结果的影响，总结其影响规律。其次，在给定风速下分析机侧变流器的使用寿命，并研究不同环境温度、开关频率对变流器寿命的影响。因此，本章拟从随机载荷和实际载荷的角度对比分析不同寿命模型，并分析不同外部加载条件（如开关频率、外部环境）对变流器可靠性的影响程度，揭示影响功率器件可靠性和使用寿命的主要因素。在此基础上，由于电网故障前后温度变化对变流器功率器件可靠性的影响尚不明确，根据风速变化的时序性对不同时间尺度的热载荷进行划分，综合考虑电网故障、风速运行状态等复杂运行工况，提出计及电网电压故障穿越累积效应的变流器功率器件多时间尺度寿命评估模型，得到寿命评估方法。最后以某风电场年风速数据为例，考虑电网电压故障穿越分布场景，获取风电变流器功率器件寿命分布规律。

5.1　寿命预测模型

5.1.1　科芬-曼森模型

$$N_f = A(\Delta T_j)^{\alpha_0} \tag{5.1}$$

式中，N_f 为故障前循环次数；A 为特征常数；ΔT_j 为结温波动变化量；α_0 为指数系数。为了计算简单采用科芬-曼森模型，其模型参数如下：$A=1.4052\times10^{13}$，$\alpha_0 = -4.3327$。

5.1.2　线性疲劳累积损伤模型

为了对线性和非线性疲劳累积进行对比分析，本节建立了 IGBT 的线性疲劳累积损伤模型。线性疲劳累积损伤理论[53,75,76]定义相同载荷大小在疲劳累积的整个过程疲劳损伤是独立、相等的，即疲劳累积与载荷加载顺序无关，结构在交变载荷作用下，不同大小载荷的疲劳损伤总和等于各个载荷作用的线性累加，当疲劳损伤总和达到设定的临界值时，定义该结构失效。在该模型中，累积损伤程度与载荷的加载顺序、当前的健康状态无关，只与载荷自身大小有关。定义累积损伤变量存在 1、$\cdots$、n 个不同水平载荷，其作用周期数分别为 $N(1)$、$\cdots$、$N(n)$，则总的损伤累积为 D，其中，N_f 为对应载荷大小的失效次数。从式(5.2)可知，由于小载荷对应的 N_f 比较大，使得小载荷作用被大载荷所掩盖。

$$D = N(1)/N_f(1) + N(2)/N_f(2) + \cdots + N(n)/N_f(n) \tag{5.2}$$

疲劳失效判据：

$$D = \sum N(i)/N_f(i) = 1 \tag{5.3}$$

本章中线性疲劳累积损伤模型：

$$D = \sum_{i=1}^{n} \frac{N(i)}{N_f(i)} \tag{5.4}$$

其中，N_f 通过科芬-曼森模型进行计算。

5.1.3　非线性疲劳累积损伤模型

该模型已在前面章节中建立：

$$D = (N / N_f)^{m_2} = r^{m_2} \tag{5.5}$$

$$m_2 = \alpha_1 \Delta T_j + \alpha_2 T_{jm} + A_1 \tag{5.6}$$

式中，模型参数：$\alpha_1 = -0.4243$，$\alpha_2 = -0.8033$，$A_1 = 124.3658$，其中 N_f 通过科芬-曼森模型进行计算。

5.1.4　分段式非线性疲劳累积损伤模型

线性区采用线性累积方式：

$$D = 0.005 \sum_i N(i) / N_c(i) \tag{5.7}$$

$$N_c = A_2 \left(\Delta T_j \right)^{\alpha_3} e^{\left(\frac{A_3}{T_{jm} + 273} \right)} \tag{5.8}$$

在前文中线性阶段模型参数是基于 $\Delta T_j \geqslant 114℃$，且在前面章节的误差分析中线性阶段是造成模型误差的主要因素。模型精度对器件寿命评估有着重要影响，为了提高模型精度，提取 ΔT_j 与 N_c 进行建模时，应保证 ΔT_j 范围越宽越好。但是，由于 ΔT_j 与实验时间成正比，所以本章在 $143℃ \geqslant \Delta T_j \geqslant 80℃$ 范围内进行功率循环实验，并提取热阻增加 0.5% 的循环周期数，然后对线性疲劳累积模型参数进行修正。修正后的模型参数为 $A_2 = 1286830741535.63$，$\alpha_3 = -4.3749$，$A_3 = 812.0938$，相关系数为 0.9834，拟合结果如图 5.1 所示。

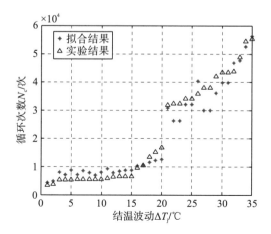

图 5.1　(科芬-曼森-阿伦尼乌斯) 模型拟合结果

在非线性阶段：

$$D(i) = D(i-1) + N(i)R(i) \tag{5.9}$$

$$R(i) = b_1 e^{\left(\frac{b_2}{T_{jm}(i)+273}\right)} \left(\Delta T_j(i)\right)^{b_3} e^{[\ln(b_4 R_{th}(i)) + b_5 (R_{th}(i))^{b_6}]} \tag{5.10}$$

式中，模型参数如下：b_1=706.1824，b_2=-4656.0962，b_3=2.7835，b_4=3.78811，b_5=-3.4773 和 b_6=-1.1005。

5.2　雨流计数法

在对风电变流器进行可靠性分析、寿命预测时，其结温曲线是随机载荷。所以需要将其各种工作状态下的随机载荷数据简化为典型的载荷谱，即把随机载荷转化为由多个不同恒幅载荷构成的变幅载荷，这一过程称为"编制载荷谱"。如何精确地确定在随机疲劳载荷作用下结构或材料的寿命，是研究人员遇到的普遍问题，而准确解析随机疲劳载荷并进行编制是提高预测精度的有效手段。其中，最常用的是雨流计数法。

雨流计数法又称"塔顶法"，广泛运用于随机载荷谱的寿命评估计算。雨流计数法把在整个载荷与时间关系的曲线中出现的载荷幅值按照特定的准则，提取出不同等级的载荷，然后统计出各载荷水平相应的循环次数，从而得到载荷-频次曲线等各种形式的载荷统计结果，为研究疲劳损伤提供重要数据信息。

如图 5.2 所示，将载荷-时间历程曲线的数据记录顺时针旋转 90°，纵坐标轴表示时间，横坐标轴表示载荷，那么载荷-时间曲线形似一座宝塔屋顶，设定雨点以峰、谷值为起点沿着各层斜面向下流动(图中点划线所示)，根据雨点的轨迹来寻找载荷循环，故称为雨流计数法(或塔顶法)。

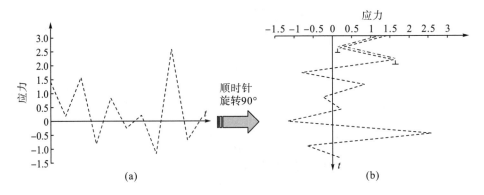

图 5.2　雨流计数法

1. 雨流计数法载荷解析的准则

(1) 雨流计算的起始点依次从每一个峰(谷)值的内侧沿着斜坡往下流。

(2) 当雨流从某一个峰(谷)值点开始流动, 雨流在流到峰(谷)值处竖直落下, 直到遇到一个比它起始点值更大(更小)的峰值时要停止流动。

(3) 在雨流流动过程中, 凡遇到上层斜面流下的雨流时就停止流动, 雨流轨迹构成一个闭合轨迹线, 即形成了一个全循环。

(4) 根据雨滴流动的起点和终点, 可提取一系列完整的循环, 提取出所有的全循环, 并记录各自相应幅值和均值。

(5) 经过上述的计数阶段后, 余下的轨迹是一个按照雨流算法无法继续计数的发散-收敛波, 因此, 需要采取其他措施, 把该波形改造成收敛-发散波形, 并按照步骤(1)～(4) 再次提取剩余的载荷信息, 这是雨流计数的第二个阶段。

(6) 载荷谱解析出来所有的信息等于上述两个阶段的总和。

在对载荷谱进行雨流计数时, 需要先对数据进行压缩处理。压缩处理包括: 先将数据进行去同处理(相邻的等值, 只保留一个), 再提取峰谷值, 并去除无效幅值, 将处理后的数据作为雨流计数法模型的输入数据。

2. 雨流计数算法程序实现

雨流计数算法计算流程主要分为 3 部分: 第一阶段雨流计数、对接(重组)和第二阶段雨流计数。

1) 第一阶段雨流计数

第一阶段雨流计数是对已经进行压缩处理的数据再进行循环次数、均值和幅值提取。其中以相邻峰值和谷值的差值作为幅值, 均值为二者求和除以 2, 并记录其幅值和均值等所需数据。通常雨流计数法采用 4 点法的计数原则对整个峰谷值数组进行数据提取, 其主要有图 5.3(a) 和图 5.3(b) 所示的两种情况。

(1) 如果 $A>B$, $B \geqslant D$, $C \leqslant A$, 记录为一个全循环 $C'BC$, 如图 5.3(a) 所示。提取并记录循环幅值 $S_a=|B-C|$, 均值 $S_m=(B+C)/2$, 同时去除 B、C 两点。

(2) 如果 $A<B$; $B \leqslant D$; $C \geqslant A$; 记录为一个全循环 BCB', 如图 5.3(b) 所示。提取并记录幅值 $S_a=|B-C|$, 均值 $S_m=(B+C)/2$, 同时去除 B、C 两点。

该次处理结束后, 继续依次读取后面的 2 个峰谷值, 重新组成四点继续进行循环判断和处理, 直到对整个峰谷值数组进行循环判断并提取所有循环信息。第一阶段数组计数结束后, 原来的峰谷值数组最终所剩各点构成一个发散-收敛波, 已无法满足循环提取条件。

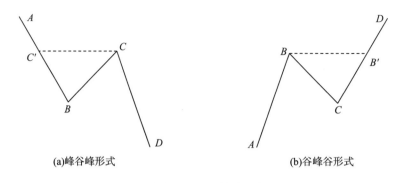

(a)峰谷峰形式   (b)谷峰谷形式

图 5.3   循环的判断

2)对接(重组)

第一阶段雨流计数剩下的数据按雨流计数法已经无法再提取出全循环,为了将发散-收敛波处理成可以继续计数的波形,需要对其进行对接处理。首先将发散-收敛波的首尾数据进行取舍处理,然后将其在最高峰或最低谷处断开,将右部分波形向左平移,实现右段尾和左段首的相互对接,重新组成新数组[77]。

3)第二阶段雨流计数

对完成对接的新数组数据,继续依照第一阶段雨流计数步骤的循环提取条件,继续提取循环信息,直至剩下三个点(数组中最值构成的循环)为止,雨流算法的全部信息等于一、二阶段信息的叠加。

5.3   计及小热载荷的 IGBT 器件寿命预测分析

5.3.1   随机载荷算例分析

器件、系统设计者在估计器件寿命时,通常忽略小载荷影响,本节将通过设计一系列的随机载荷来定量分析此计算方法的误差。本节以科芬-曼森模型为例,设计一组采样时间为 1s,时长为 3000s 的随机载荷,其由一大载荷和多数小载荷组合而成。该大载荷使得器件在科芬-曼森模型下的寿命为 20 年,随机小载荷采用 Matlab 随机函数 rand 产生的公式如式(5.11)所示。通过修改式(5.11)中变量参数调整小载荷幅值与均值,其中 T_{em}=[3 5 6 10 15 20 25 30 35 40 45 50],T_m=[0 10 20 30 40 50]。在不同组合下对不同寿命模型的结果进行对比。大载荷取值为 ΔT_j=64℃、T_{jm}=62℃。

$$T_j = T_{em} \text{rand}(1,3000) + T_m \tag{5.11}$$

　　当两组参数分别为 $T_{em}=5$、$T_m=0$ 与 $T_{em}=50$、$T_m=40$ 时，将随机载荷谱采用雨流计数法进行处理，并统计每个载荷出现的频次结果，如图 5.4 所示。在计算器件寿命时，对载荷出现的频次不进行统计处理，因为在前文小载荷实验中证明了：相同大小载荷在不同时刻对有缺陷的(已开始老化)功率器件的寿命影响不同。模型仿真结果如表 5.1 所示。

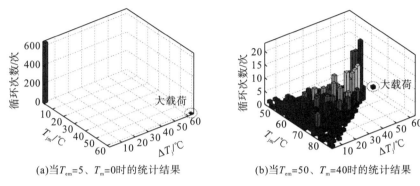

(a)当 $T_{em}=5$、$T_m=0$ 时的统计结果　　　　　　(b)当 $T_{em}=50$、$T_m=40$ 时的统计结果

图 5.4　雨流计数法统计结果

表 5.1　寿命预测模型结果

T_{em}	T_m	预测寿命/年				ΔT_j/℃	T_{jm}/℃	循环次数/次
		科芬-曼森模型	线性累积模型	分段式累积模型	非线性累积模型			
3	0	20.25	20.24	19.85	20.25	2.05	1.67	648.5
	10	20.25	20.24	19.85	20.25	2.05	11.50	648.5
	20	20.25	20.24	19.84	20.25	2.05	21.34	625.5
	30	20.25	20.24	19.83	20.25	2.05	31.17	535.5
	40	20.25	20.24	19.81	20.25	2.05	41.72	445.5
	50	20.25	20.24	19.78	20.26	2.05	51.59	355.5
5	0	20.25	20.17	19.82	20.16	4.02	2.66	382
	10	20.25	20.17	19.8	20.16	4.02	12.49	381
	20	20.25	20.17	19.76	20.17	4.02	22.32	369
	30	20.25	20.17	19.72	20.17	4.02	32.16	307
	40	20.25	20.17	19.65	20.18	4.02	42.67	287
	50	20.25	20.17	19.56	20.18	4.02	52.51	225
6	0	20.25	20.07	19.76	20.00	6.25	3.89	204
	10	20.25	20.07	19.72	20.01	6.25	13.39	284.5
	20	20.25	20.07	19.65	20.02	6.25	22.89	299
	30	20.25	20.07	19.56	20.03	6.25	33.43	186
	40	20.25	20.07	19.44	20.04	6.25	43.31	163
	50	20.25	20.07	19.28	20.05	6.25	52.88	100.5

续表

T_{em}	T_m	预测寿命/年				ΔT_j/℃	T_{jm}/℃	循环次数/次
		科芬-曼森模型	线性累积模型	分段式累积模型	非线性累积模型			
10	0	20.25	18.81	19.12	18.24	8.1	5.11	184
	10	20.25	18.81	18.93	18.32	8.1	14.61	159
	20	20.25	18.81	18.68	18.39	8.1	25.44	133
	30	20.25	18.81	18.38	18.47	8.1	34.61	105
	40	20.25	18.81	18.05	18.55	8.1	45.1	106
	50	20.25	18.81	17.71	18.62	10.13	54.92	72.5
15	0	20.25	14.23	16.41	12.89	14.19	7.63	121.5
	10	20.25	14.23	15.87	13.07	14.19	16.79	94.5
	20	20.25	14.23	15.3	13.26	14.19	27.27	111.5
	30	20.25	14.23	14.75	13.45	14.19	37.08	84
	40	20.25	14.23	14.24	13.63	14.19	47.51	100.5
	50	20.25	14.23	13.8	13.81	14.19	57.63	59
20	0	20.25	8.38	11.53	7.35	18.26	9.7	95.5
	10	20.25	8.38	10.76	7.5	18.26	20.17	95.5
	20	20.25	8.38	10.07	7.66	18.26	29.98	91.5
	30	20.25	8.38	9.46	7.82	18.26	40.09	72.5
	40	20.25	8.38	8.95	7.97	18.26	50.16	47
	50	20.25	8.38	8.51	8.12	18.26	59.83	43.5
25	0	20.25	4.39	6.83	3.93	24.36	11.83	56.5
	10	20.25	4.39	6.17	4.01	24.36	21.97	55.5
	20	20.25	4.39	5.62	4.09	22.33	32.74	57
	30	20.25	4.39	5.17	4.17	24.36	42.17	49.5
	40	20.25	4.39	4.8	4.24	24.36	52.81	35.5
	50	20.25	4.39	4.49	4.31	24.36	62.64	48
30	0	20.25	2.31	3.8	2.14	26.41	14.29	46
	10	20.25	2.31	3.34	2.18	28.44	25.68	36
	20	20.25	2.31	2.99	2.21	26.41	34.46	38
	30	20.25	2.31	2.72	2.24	26.41	44.47	34
	40	20.25	2.31	2.5	2.27	28.44	55.17	37
	50	20.25	2.31	2.32	2.29	28.44	65.17	37
35	0	20.25	1.28	2.13	1.22	32.53	16.7	38
	10	20.25	1.28	1.85	1.23	32.53	27.72	44
	20	20.25	1.28	1.64	1.25	34.56	37.41	43.5
	30	20.25	1.28	1.48	1.26	34.56	47.62	42
	40	20.25	1.28	1.35	1.27	34.56	57.7	41
	50	20.25	1.28	1.24	1.27	34.56	67.7	41

续表

T_{em}	T_m	预测寿命/年				ΔT_j/℃	T_{jm}/℃	循环次数/次
		科芬-曼森模型	线性累积模型	分段式累积模型	非线性累积模型			
40	0	20.25	0.75	1.24	0.73	36.55	19.08	29
	10	20.25	0.75	1.07	0.74	36.55	29.73	39
	20	20.25	0.75	0.94	0.74	36.55	40.28	34
	30	20.25	0.75	0.84	0.74	36.55	49.45	26
	40	20.25	0.75	0.77	0.75	36.55	59.45	26
	50	20.25	0.75	0.71	0.75	36.55	69.45	26
45	0	20.25	0.46	0.76	0.46	44.69	23.3	30
	10	20.25	0.46	0.64	0.46	44.69	33.24	27
	20	20.25	0.46	0.57	0.46	42.65	41.88	22.5
	30	20.25	0.46	0.51	0.46	42.65	51.88	22.5
	40	20.25	0.46	0.46	0.46	42.65	61.88	22.5
	50	20.25	0.46	0.42	0.46	42.65	71.88	22.5
50	0	20.25	0.3	0.48	0.3	48.76	25.58	36
	10	20.25	0.3	0.41	0.3	48.76	35.14	35
	20	20.25	0.3	0.36	0.3	48.76	45.67	23
	30	20.25	0.3	0.32	0.3	48.76	55.67	23
	40	20.25	0.3	0.29	0.3	48.76	65.67	23
	50	20.25	0.3	0.27	0.3	48.76	75.67	23

　　基于提取出的载荷幅值的多样性，取载荷幅值次数最大的载荷来表征该负载曲线。其中ΔT_j=4.02℃和ΔT_j=18.26℃结果如图 5.5 所示。在图 5.5(a)中可知，当 T_{jm}=3℃时，4 种寿命模型基本上相等(20 年)，器件主要受大载荷作用，小载荷作用甚微，即说明当ΔT_j较小时，其作用可以忽略。另外，4 种寿命模型结果基本一致，间接说明 4 种模型具有可比性和模型参数的有效性。随着 T_{jm} 从 3℃增加到 53℃时，4 种寿命模型预测结果变化较小，因为在器件运行期间受设定的大载荷(ΔT_j=64℃、T_{jm}=62℃)影响加速老化，而ΔT_j=4.02℃左右的小载荷在器件失效的整个过程中并没有加速其老化或作用甚微，即使存在应力集中效应也并未使得裂缝尖端应力达到材料的剪切强度。即在ΔT_j=4.02℃时，T_{jm} 对器件寿命影响较小，其作用相对于大载荷(ΔT_j=64℃、T_{jm}=62℃)可以忽略，该结论符合器件实际失效机制。

　　因为造成器件失效的主要原因是封装材料之间的热膨胀系数不匹配，在交变温度下引起交变热应力，所以造成器件失效的主要原因是交变温度(ΔT_j)，这也是在解析模型中选取自变量为ΔT_j的原因。当ΔT_j较小时器件焊接层承受较小的交变应力，在初始阶段的蠕变疲劳作用不会造成材料疲劳老化或作用微乎其微，所以其寿命变化较小。当ΔT_j=18.26℃、T_{jm} 为 10～60℃时，其中分段式非线性疲劳累积损伤模型计算结果从 11.53 年降低到 8.51 年，所以在此时器件随着 T_{jm} 的上升而加速老化，其他模型的结果变化则较小，而在实际器件实验中器件寿命应随 T_{jm} 上升而降低[28]，所以其他模型存在不足。综上所述，当ΔT_j 大于一定值时，T_{jm} 才开始起作用。

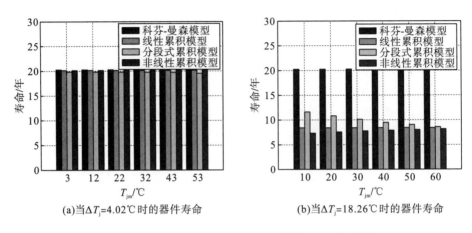

(a)当ΔT_j=4.02℃时的器件寿命   (b)当ΔT_j=18.26℃时的器件寿命

图 5.5　ΔT_j 为 4.02℃和 18.26℃时器件的寿命预测结果

从图 5.6 中可以发现，当ΔT_j≤6℃时，4 种模型结果几乎一致且无变化，而当ΔT_j=8℃时功率器件寿命发生较大变化，即当 0℃≤ΔT_j≤6℃时的小载荷相对于大载荷(ΔT_j=64℃、T_{jm}=62℃)可以忽略。当器件于ΔT_j≤6℃时载荷下工作，具有较高的可靠性和长的使用寿命，对器件进行热管理或者系统设计时，为了提高器件可靠性应尽量使其工作于该范围内。然而，当ΔT_j=18℃时，4 种模型结果分别为 20.25 年、8.38 年、11.53 年和 7.53 年，线性累积模型、分段式累积模型和非线性累积模型分别与科芬-曼森模型的相对误差为 58.61%、43.06%和 62.81%，即如果器件设计者以科芬-曼森模型进行评估，器件在ΔT_j=64℃、T_{jm}=62℃条件下工作时限为 20 年，而器件实际工作时仅约有其一半的使用寿命。当ΔT_j=49℃时，线性累积模型、分段式累积模型和非线性累积模型分别与科芬-曼森模型的误差高达 98.51%、97.63%和 98.51%。所以传统科芬-曼森模型中不计小载荷作用，使得模型结果存在较大误差，且该误差随着ΔT_j的增大而急速上升。

线性累积模型、非线性累积模型与分段式累积模型相比，存在差异。造成该差异的第一个原因是在线性累积模型和非线性累积模型计算时未考虑 T_{jm} 的作用，另外一个原因是非线性累积模型忽略了当器件老化时ΔT_j 的增长。在计算热阻退化模型指数时，通过取功率循环开始时的载荷差值ΔT_j 表征器件的载荷ΔT_j，不考虑老化阶段ΔT_j变化。因为实验平台的控制策略是保证壳温差恒定，当器件焊层失效时，器件热阻增大，造成结温最大值增加。而分段式累积模型是根据器件实际物理失效过程建立寿命模型，再分别通过实验提取不同时刻的模型数据，并证明了模型可行性，使得模型精度更高。综上所述，当 $0℃≤\Delta T_{\mathrm{j}}≤6℃$ 时，该条件下小载荷可以忽略，4 种寿命模型均适用且 T_{jm} 的作用甚微，而当 $\Delta T_{\mathrm{j}}>6℃$ 时不能忽略 T_{jm} 的作用。在 4 种寿命模型中，分段式累积模型更合理且精度更高，更适用于对器件在实际工况下的可靠性分析。

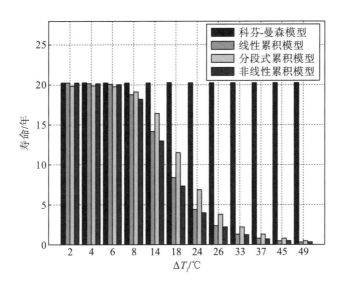

图 5.6　在不同 ΔT_{j} 条件下寿命预测结果

　　分段式非线性疲劳累积损伤模型的寿命分布如图 5.7 所示。从该图可知，器件寿命与 ΔT_{j}、T_{jm} 成反比。在 $\Delta T_{\mathrm{j}}=18.26℃$ 时，T_{jm} 每增加 10℃，寿命下降 0.7 年；而当 $T_{\mathrm{jm}}=55℃$ 时，ΔT_{j} 每增加 8℃，寿命下降 4～5 年；所以当功率器件的结温上限值不超过给定的工作温度范围时，相对于 T_{jm} 作用而言，ΔT_{j} 对器件寿命影响更大，该结果与文献[78]相呼应。当功率变流装置应用在功率大范围随机波动的场合时，功率器件在工作过程中容易受到各种交变应力的反复冲击，降低了其可靠性。所以，在器件的整个运行寿命周期中，控制结温波动大小 ΔT_{j} 是提高模块的可靠性、降低故障发生率、延长运行寿命的有效途径。

　　由于科芬-曼森模型未考虑 T_{jm} 作用，所以造成模型结果存在较大误差，为了进一步对比模型差异，采用改进的阿伦尼乌斯广延指数模型对随机载荷进行计算，其中线性累积模型也采用该模型，其计算结果如图 5.8 所示。从该图可知，忽略小载荷作用计算结果存在较大误差，符合上述结果，即在 $0℃≤\Delta T_{\mathrm{j}}≤6℃$ 时 ΔT_{j} 作用仍可忽略。假设分段式累积模型结果为最准确值时，采用阿伦尼乌斯广延指数模型比使用科芬-曼森模型的线性累积模型误差更小，主要原因是其考虑了 T_{jm} 的作用；而阿伦尼乌斯广延指数模型的线性累积模型的误差主要来源于建模时缺乏小载荷信息，以及器件特征参数在老化阶段呈非线性增长。

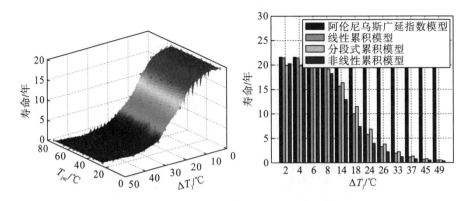

图 5.7　在不同条件下的二阶段寿命分布　　　图 5.8　在不同ΔT_j条件下寿命预测结果

5.3.2　基于实际风速载荷变流器算例分析

　　根据风机输出功率公式可知，发电机组输出功率与风速的三次方成正比，则在风机叶片扫风面积一定的情况下，风速是影响风机出力的最主要因素。风力资源的分布不均匀，随着地理位置、海拔和地形等不同而不同，且同一地点的风速在时间上存在断续、随机性变化的固有特性。变流器功率器件的结温随风速变化而改变，风速的随机波动是造成变流器故障率高的根本原因。新能源发电系统受气候条件影响较大，具有较大的随机波动性，加速了材料和内部封装结构的老化，导致故障率增高。并且该发电系统的单机容量相对较小、机组布置分散而偏远，进场维修不便。研究功率器件可靠性有利于降低故障率、减少维修成本和提高系统运行可靠性。因此，研究风速对变流器可靠性的影响是评估风电系统可靠性的基础和关键步骤之一。

　　根据 Vestas（维斯塔斯）和 Siemens（西门子）等国际知名企业调查研究发现，风电变流器不同于常规电力传动用变流器，双馈风电机组机侧变流器长期在较低的输出频率下运行，使得机侧变流器功率器件的热载荷大于网侧变流器的器件，造成前者的故障率远高于后者。所以，本节主要对机侧变流器的可靠性进行分析。本节根据风场实测风速数据建立变流器的可靠性评估流程。首先，实测风速作为MATLAB/Simulink 模型输入，计算出不同风速下的总功耗，将功耗经过 Foster热网络模型进行计算，得出结温曲线，通过雨流计数法提取热载荷信息，根据热载荷计算出在不同寿命模型下的使用寿命。其评估流程如图 5.9 所示。

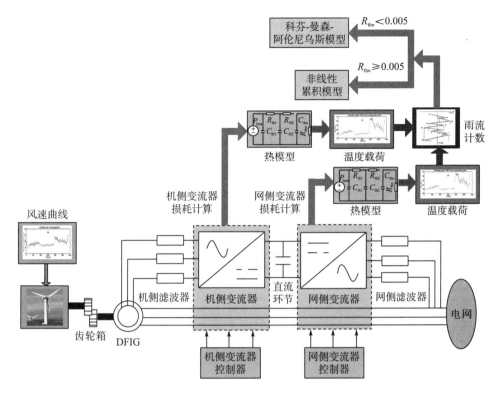

图 5.9　风电变流器可靠性评估流程

温差会导致热量从高温区向低温区的转移，热量传递有 3 种基本方式：热传导、对流传热和辐射传热。在 IGBT 器件封装内部各层之间存在热量的传导，器件与外部环境之间存在对流和辐射。在建立热模型时考虑占主导作用的垂直方向的热传导，忽略侧向热传导、对流传热和辐射传热作用。热模型建模方法主要分为：数值模型法、解析模型法及通过实验提取等效 RC 热网络模型法。数值模型法可得到精确的温度场分布，但需要根据器件参数、材料、尺寸等建立精确的三维数值模型，且需要选择合适的网格划分，模型建立较复杂、计算缓慢。解析模型法是简化模型，该模型是在大量假设条件下对每层的平均温度进行估算，存在较大误差。通过实验提取等效 RC 热网络模型法则能够根据器件损耗快速计算出功率器件结温。

RC 热网络主要分为 Cauer（考厄）结构和 Foster（福斯特）结构。Cauer 结构反映了实际物理层的热容、热阻，当获得所有层的物理参数后可通过理论计算公式来建立该模型结构，所以可用来预测功率器件封装各层温度，但模型参数获取较难。Foster 结构是 Cauer 结构的等效形式，如式 (5.12) 所示。Foster 结构抛开了器件内部传热结构的外部等效模型，不能反映实际的物理结构的热容、热阻，因此不反映器件内部各层的温度分布，参数不具有实际的物理意义。但是，它能通过对实验或仿真测得的瞬态热阻抗曲线进行函数拟合，来获取模型参数，即可从热特性曲线(如技术手册给出的瞬态曲线)获得感兴趣的热特性系数，该模型简单、便于计算，所以在建立热模型时通常采用该结构。

$$Z_{th}(t) = \sum_{1}^{n} R_{th}(i)\left(1 - e^{\frac{t}{R_{th}(i)C_{th}(i)}}\right) \tag{5.12}$$

在功率循环实验器件 SKM50GB12T4 的数据手册中提取瞬态热阻抗曲线，并以式(5.12)进行数据拟合，其中 IGBT 采用三阶形式，二极管采用二阶形式。拟合结果如图 5.10 所示，Foster 热网络模型参数如表 5.2 所示，相关系数分别为 99.9970% 和 99.9968%。

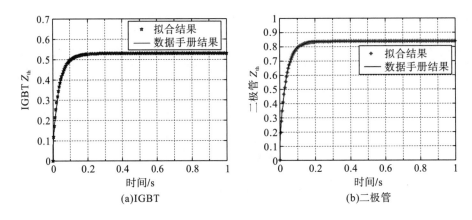

图 5.10 瞬态热阻抗曲线拟合结果

表 5.2 Foster 热网络模型参数

类别	R/(℃/W)			C/(J/℃)		
	R_1	R_2	R_3	C_1	C_2	C_3
IGBT	0.0614	0.3442	0.1237	0.0217	0.0980	0.4448
二极管	0.0985	0.7380	—	0.0131	0.0498	—

注：一为空值。

目前，在风电控制中普遍采用最大功率点跟踪控制策略以提高风能的利用效率，即通过控制发电机输出功率来控制机组转速，以求在风速变化时保持最佳叶尖速比。最大功率点跟踪控制策略会导致风电机组的输出功率随风速变化发生大尺度随机波动，使得电网频率波动增大、电压偏差与电压波动增大、线路传输功率越限、短路容量增大以及暂态稳定性变差等，而且显著降低了功率变流装置的可靠性。基于变速恒频运行以及载荷约束特点，根据风速的差异，双馈风电机组运行区域通常可分为最大风能捕获区、恒转速区和恒功率区，如图 5.11 所示。

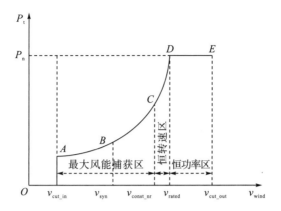

图 5.11　双馈风电机组输出功率曲线

图 5.11 中，P_n 为风电机组额定输出功率；v_{cut_in} 为切入风速；v_{syn} 为机组在同步转速点运行时的风速；v_{const_nr} 为机组进入恒转速区域的风速；v_{rated} 为额定风速；v_{cut_out} 为切出风速。在最大风能捕获区时，风电机组采用最大功率点跟踪控制策略，使输出功率与风速的三次方成正比，发电机转速随风速上升而增加，实现风机的最大风能捕获；在恒转速区，通过变流器和变桨控制，发电机可以保持恒定转速运行，而输出功率则随着风速的上升而增加；在恒功率区，通过变桨控制，发电机可以保持恒转速和恒功率运行状态。因此，风电机组根据风速区域调整控制策略，可使双馈风电机组运行在最大风能捕获区、恒转速区和恒功率区，在上述区域中机侧变流器可能工作于逆变模式（AB 段）和整流模式（BE 段），网侧变流器的工作模式与其相反。

在某风速下风电变流器结温的具体计算流程：首先，获取在某风速下机侧及网侧变流器的 d、q 轴电流、电压及直流侧电压，然后计算出电流与电压的相位角 φ 及变流器的调制度 m；其次，根据双馈发电机转速 r_n 是否超过同步转速，判断变流器工作于逆变模式还是整流模式；最后，结合 IGBT 器件开关频率 f_{sw} 及变流器输出电流及器件导通电压，得出其总功耗，将该功耗作为 Foster 热网络模型输入，计算出机侧及网侧变流器 IGBT 器件的结温。Simulink 模型仿真参数：风机额定功率为 1.5MW；额定电压为 690V；额定频率为 50Hz；额定转速为 1800r/m；恒转速区域的起始点风速 11.3m/s；切入风速为 3m/s；恒功率区域起始点风速为 12m/s；同步转速点的风速为 9m/s；切出风速 25m/s；

在已提取的热网络模型前提下，利用技术手册里的开关损耗曲线建立损耗计算模型等。因 SKM50GB12T4 器件的额定电流为 50A，所以在仿真模型中以多个功率器件并联的方式来达到设定容量。由于风机功率密度较高，变流器的开关及导通损耗较大，而散热面积有限，所以风电变流器在工作时的绝对温度较高；此外，一些特殊地区的夏季气温高，高强度的太阳辐射导致机舱温度升高，而齿轮箱、发电机等部件工作时产生的温度向机船散热，使得变流器通常在较高的环境温度下工作。本节选取文献[18]中的实测风速作为模型输入，如图 5.12 所示。为了说明环境温度对变流器的影响，分别在环境温度 T_a 为 15℃、20℃、25℃、30℃、35℃下进行计算，开关频率取 $f_{sw}=1\text{kHz}$，其中当 T_a 为 15℃、20℃时 IGBT 的热载荷分布如图 5.13 所示。该图表明了载荷主要分布于 $0℃≤\Delta T_j≤30℃$ 条件下，但也存在部分 40~50℃条件下的载荷，该载荷主要由于风速的大范围变化造成。寿命预测结果如图 5.14 所示，从该图可知科芬-曼森模型存在较大误差，环境温度越高，寿命越短。因为环境温度 T_a 升高主要造成平均结温 T_{jm} 增大，T_{jm} 越大作用于器件的热应力幅值越大，所以变流器寿命下降。

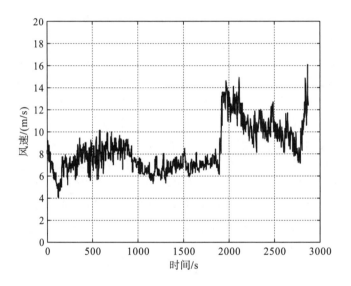

图 5.12　实测风速曲线

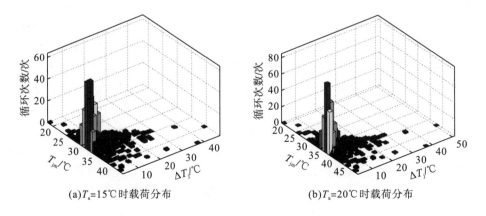

(a)T_a=15℃时载荷分布　　　　　　(b)T_a=20℃时载荷分布

图 5.13　在 T_a 为 15℃、20℃雨流计数法统计结果

为了定量分析 IGBT 不同开关频率对寿命的影响，在上述风速条件下，取 T_a 分别为 15℃、20℃、25℃、30℃、35℃，f_{sw} 分别为 1kHz、2kHz、3kHz、4kHz、5kHz 对 DFIG 进行仿真，得到机侧变流器在各自条件下的热载荷曲线并进行寿命计算，其中 T_a=20℃，f_{sw} 为 1～5kHz。不同模型的寿命结果如图 5.15 所示。从该图可知，随着 IGBT 的开关频率增加，变流器中的 IGBT 器件寿命降低，其中分段式累积模型的寿命从 23 年下降至 2.65 年。因为开关频率越高，器件的开关损耗越大，即总功耗越大，由热传导公式可知功耗越大，器件的工作结温越高，导致器件寿命降低。

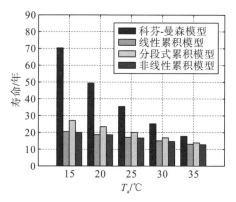

图 5.14　在 f_{sw}=1kHz、实测风速下
　　　　　的寿命预测结果

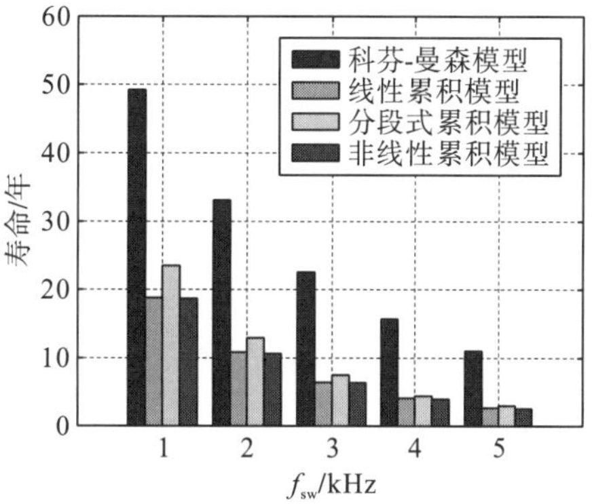

图 5.15　在 T_a=20℃、实测风速下
　　　　　的寿命预测结果

将科芬-曼森和分段式累积模型在不同开关频率与环境温度下的寿命分布进行三维作图得如图 5.16 所示。从图 5.16（b）中可知，在 f_{sw}=1kHz、T_a=15℃时误差最大（43 年），且随着 f_{sw} 与 T_a 的增加，绝对误差降低。造成该结果的主要原因是小载荷累积作用需要在较长的时间里体现出来。例如，当 f_{sw}=1kHz、T_a=15℃时，科芬-曼森模型需要循环 $7.6792×10^5$ 次载荷曲线使得器件失效，而分段式累积模型需要循环 $2.9640×10^5$ 次载荷曲线；当 f_{sw}=5kHz、T_a=35℃时，科芬-曼森模型与分段式累积模型的绝对误差为 3.4473 年，其中科芬-曼森模型仅需要 $5.6998×10^4$ 次载荷曲线使得器件失效，而分段式累积模型需要 $1.9223×10^4$ 次载荷曲线。所以在 f_{sw}=1kHz、T_a=15℃时，小载荷累积时间较长使得在该条件下科芬-曼森模型与分段式累积模型误差较大，且随着 f_{sw} 与 T_a 的增加，小载荷累积时间缩短，即科芬-曼森模型与分段式累积模型主要体现大载荷对器件老化的影响，其造成模型的绝对误差下降。但该结果并不是指可以忽略小载荷的作用，只是此载荷曲线下小载荷作用较弱。

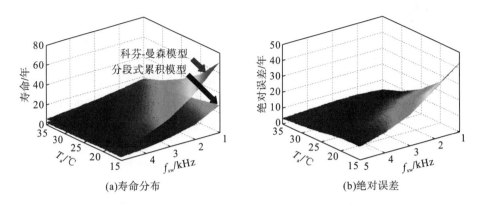

(a)寿命分布　　　　　　　　　　　　　　　(b)绝对误差

图 5.16　在不同开关频率、环境温度下科芬-曼森模型与分段式累积模型对比

为了说明不同解析模型形式对器件寿命的预测的影响,采用阿伦尼乌斯广延指数模型对在实际风速下的载荷进行计算,取 T_a=15℃、f_{sw}=2kHz,其计算结果如下图 5.17 所示。从该图中可知,虽然阿伦尼乌斯广延指数模型结果比科芬-曼森模型寿命要长,但是相对于线性累积模型、非线性累积模型和分段式累积模型该结果没有参考价值,因为其忽略了小热载荷作用,而实验证明该作用不可忽略,所以评估变流器装置在某工况下的寿命通常采用后三种寿命模型结果。通过对比图 5.17(a) 和图 5.17(b) 可知,采用科芬-曼森模型与阿伦尼乌斯广延指数模型的计算结果几乎一致,但是相对于分段式累积模型而言,科芬-曼森和阿伦尼乌斯广延指数模型仍有较大误差。所以,提高寿命模型精度不在于解析模型的形式,而在于不能忽略小载荷对器件的冲击影响。

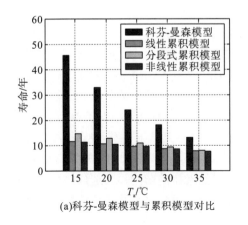

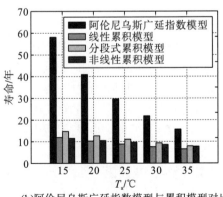

(a)科芬-曼森模型与累积模型对比　　　　　(b)阿伦尼乌斯广延指数模型与累积模型对比

图 5.17　在实测风速下的寿命预测结果对比

5.4　计及电网电压故障穿越累积效应的 IGBT 器件寿命评估

5.4.1　风电变流器 IGBT 功率器件多时间尺度划分

风电变流器 IGBT 功率器件的热载荷与开关频率、风速、气温和季节等外界环境相关，由于风电机组长期处于变负荷运行状态，这种随机热载荷导致的热-机械应力将加剧功率器件的疲劳老化。因此准确提取热载荷，综合考虑其对可靠性的影响，显得尤为重要。根据风电变流器工作特点可将功率器件热载荷分为两个时间尺度，分别为长时间尺度、短时间尺度，如图 5.18 所示。

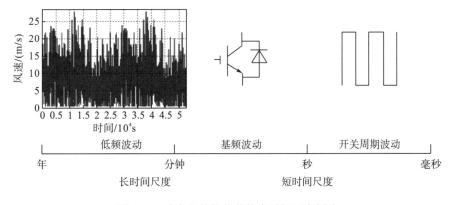

图 5.18　功率器件热载荷的多时间尺度划分

其中，短时间尺度载荷包括功率器件开关导致的开关周期结温波动和变流器换流导致的基频结温波动，通常基频结温波动周期与变流器输出频率相关，波动周期一般为几十毫秒到几百毫秒，而 IGBT 开关动作导致的波动周期通常低于毫秒级别，在开关周期内温度的变化较小，有文献[65]指出非常小的结温波动对功率器件的寿命的影响几乎可以忽略不计，因此相对于基频结温波动，IGBT器件开关结温波动可忽略不计。对于长时间尺度，主要是由风速随机波动机组出力变化导致功率器件产生的低频结温波动，通常波动周期为几十秒到几百秒。文献[66]指出风电场输出功率在秒与秒之间的变化很小，只有容量的 0.1%，而在分钟之间的变化是容量的 1%，风速变化周期远小于机组暂态过渡时间[47]。基于此，为了便于分析，本节风速的采样间隔定为 1min，在该时间内机组输出功率不变，考虑该尺度下结温变化时不同风速采样点间稳态结温(即结温均值)的变化，不考虑风电变流器中器件在此时间内发生结温波动，因此全年低频载荷由 525600 个结温均值采样点波动构成。图 5.19 所示为 3000s 内各时间尺度载荷动态分布情况。

　　基于以上分析，本节以一年为评估周期，综合考虑风电机组长时间处于风速波动、电网电压跌落等复杂运行工况时，基频结温波动和低频结温波动对变流器功率器件可靠性的影响。

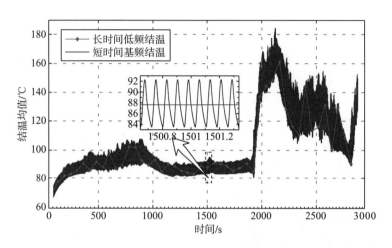

图 5.19　各时间尺度热载荷动态分布

5.4.2　计及电网故障穿越累积效应的功率器件多时间尺度寿命评估模型

　　为考虑风电机组长期运行下风速大小和电网运行状态对风电变流器功率器件寿命的影响，本节基于多状态概率分析法，对变流器运行工况进行划分，建立表征风速大小和电网故障程度的二维状态概率模型：

$$p(i,j) = \frac{t(i,j)}{T} \quad i=1,2,\cdots,N_{\mathrm{T}},N_{\mathrm{T}}+1; \quad j=1,2,\cdots,N_{\mathrm{V}} \tag{5.13}$$

式中，$p(i,j)$ 表示变流器处于风速大小为第 i 个状态，电网电压为第 j 个状态下 $S(i,j)$ 的概率；$t(i,j)$ 表示变流器处于 $S(i,j)$ 状态下的累计运行时间；T 为运行周期；N_{T} 为从切入风速到额定风速间划分的状态数；N_{V} 为电网电压跌落程度状态数，对应电网电压 U_{Gj}；j 为 1 时对应电网处于正常运行状态，j 为 N_{V} 时对应电网电压跌落至 0.2p.u.状态。

1. 短时间尺度寿命评估模型

　　短时间尺度下，基频结温波动幅值和周期随风速变化而变化，与运行状态密切相关，为了综合评估这些因素的影响，需要对应的可靠性评估模型。《电子系统可靠性方法论指南》（FIDES）同时考虑了器件制造、应用环境和内外部应力对器件失效率的影响，要求提供循环时间和结温最大值等详细运行数据，同时能够解析模型和物理寿命模型的优点。此外，由于风速变化周期远大于功率器件的热时间常数，在不同运行状态下基频结温波动周期稳定，可通过热仿真的方式得到不同运行状态下结温波动稳态运行的结果，以便于统计。因此，本节对于基频结温波动采用 FIDES 可靠性导则作为短时间尺度下的可靠性评估模型，其评估流程框图如图 5.20 所示。

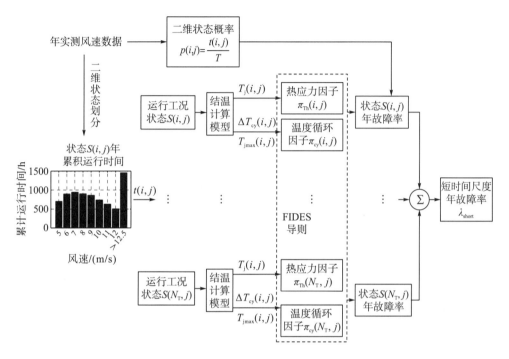

图 5.20 短时间尺度下可靠性评估流程框图

根据 FIDES 导则，变流器在风速大小为第 i 个状态，电网电压为第 j 个状态的情况下，其热应力因子可以表达为

$$\pi_{\text{Th}}(i,j) = \alpha \text{e}^{\beta\left[\frac{1}{293} - \frac{1}{(T(i,j)+273)}\right]} \tag{5.14}$$

式中，α、β 均为常数，不同元器件对应的具体数值不同；$T(i, j)$ 为运行状态 $S(i, j)$ 下对应 IGBT 结温均值。变流器温度循环因子可表达为

$$\pi_{\text{cy}}(i,j) = \gamma\left(\frac{24}{N_0}\frac{N_{\text{cy}}(i,j)}{t(i,j)}\right)\left(\frac{\min(\theta_{\text{cy}}(i,j),2)}{\min(\theta_0,2)}\right)^p\left(\frac{\Delta T_{\text{cy}}(i,j)}{\Delta T_0}\right)^n \text{e}^{1414\times\left[\frac{1}{313} - \frac{1}{(T_{\text{jmax}}(i,j)+273)}\right]} \tag{5.15}$$

式中，$t(i, j)$、$N_{cy}(i, j)$、$\theta_{cy}(i, j)$ 分别为运行状态 $S(i, j)$ 下的累计运行时间（单位：h）、结温循环波动次数以及结温波动循环时间；N_0 为参考循环波动次数，一般取值为 2；θ_0 表示参考循环时间，一般取值为 12；$\Delta T_{cy}(i, j)$、$T_{jmax}(i, j)$ 分别为元器件在该运行状态下的结温波动幅值以及结温最大值；γ、p、n 为不同元器件的调整系数。

对于机侧变流器而言，其基频结温波动周期随风速变化而变化，由于风机采用最大功率点跟踪控制策略，在整个运行区间内机侧变流器频率 f_{gen} 与当前运行风速 V_i 的关系可表示为

$$f_{gen} = \begin{cases} 0, & 0 \leqslant V_i \leqslant V_A \\ 15 \times \left(1 - \dfrac{V_i - V_A}{V_B - V_A}\right), & V_A \leqslant V_i \leqslant V_B \\ \dfrac{10}{V_C - V_B}(V_i - V_B), & V_B \leqslant V_i \leqslant V_C \\ 10, & V_C \leqslant V_i \leqslant V_E \\ 0, & V_E \leqslant V_i \end{cases} \tag{5.16}$$

式中，V_A、V_B、V_C、V_E 分别为切入风速、同步风速、额定风速、切出风速。由此可得在运行状态 $S(i, j)$ 下，持续时间 $t(i, j)$ 内，机侧变流器功率器件基频结温循环波动次数 $N_{cy}(i, j)$ 为

$$N_{cy}(i, j) = 3600 t(i, j) f_{gen} \tag{5.17}$$

基于全年风速采样数据与电网故障统计，结合热仿真结果对应热应力因子和温度循环因子，建立计及电网故障累积效应的短时间尺度变流器 IGBT 功率器件故障率计算模型为

$$\lambda_{short} = \sum_{i=1}^{N_T} \sum_{j=1}^{N_V} \left[p(i, j)\left(\lambda_{0Th}\pi_{Th}(i, j) + \lambda_{0TC}\pi_{TC}(i, j)\right) \right] \times \pi_{in} \times \pi_{Pm} \times \pi_{Pr} \tag{5.18}$$

式中，λ_{0Th} 和 λ_{0TC} 分别为热应力因子和温度循环因子对应的元器件基本故障率；π_{Pm} 表征制造质量的影响；π_{Pr} 表征可靠性质量管理及控制水平的影响；π_{in} 表示过应力贡献因子。以上参数可查阅 FIDES 导则得到，见表 5.3。

表 5.3   FIDES 导则相关参数

参数	值	参数	值
λ_{0Th}	0.3021	α	1
λ_{0TC}	0.03333	β	8122.8
π_{Pm}	0.71	γ	1
π_{Pr}	4	p	0.333
π_{in}	3.3837	n	1.9

2. 长时间尺度寿命评估模型

忽略短时间尺度下由变流器换流引起的基频结温波动，考虑长时间尺度下由功率出力波动导致的变流器低频结温波动，对应 IGBT 结温均值的变化。风速有随机波动的性质，难以统计在全年风速运行条件下其波动周期，因此，需考虑运行时间及循环周期等因素影响的寿命预测模型不适用于长时间尺度寿命的评估。此外，低频结温波动具有幅值大、周期长、频率低的特点，由第 1 章介绍可知，基于热循环测试的 LESIT 寿命模型，其循环周期通常为数分钟，主要针对焊层疲劳老化导致的失效，因此较适合评估在电网电压正常情况下由风速变化功率出力波动导致的结温均值变化对可靠性的影响。根据阿伦尼乌斯广延指数模型[23]：

$$N_{f\_nom}(T_m, \Delta T_m) = A\Delta T_m{}^{\alpha} \exp\left(\frac{E_a}{KT_m}\right) \tag{5.19}$$

式中，ΔT_m 为风速采样点间结温均值波动幅值；T_m 为相邻风速采样点均温；N_{f_nom} 表示电网正常情况功率器件失效循环次数；α 为疲劳延性系数，与焊层健康状态相关；A 由实验数据拟合获得；E_a 为激活能量常数，与器件相关，取值范围为 $0.3\sim$ $1.2eV$；K 为玻尔兹曼常量，取 $8.617e^{-5}eV/K$。该寿命模型结果如图 5.21 所示。

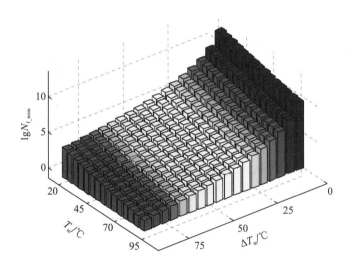

图 5.21　阿伦尼乌斯广延指数模型结果

电网电压跌落等故障工况下，转子侧变流器电流突增、输出功率瞬时突变、IGBT 结温均值迅速上升。评估长时间尺度下结温均值波动对可靠性的影响时，如果采用前面所述一分钟内恒结温均值等效的方法，则会淹没电网故障前后结温均值波动带来的影响。基于此，当发生电网故障时，电压跌落前后结温均值的变化需单独计入低频结温波动。此外，对于严重电压跌落情况，变流器往往工作在额定电流限值甚至短时超过额定电流情况下，此时评估故障前后瞬时工况对功率器件寿命的影响不能单单只考虑温度循环波动对寿命的损耗，还需要考虑更多的运行信息。在对功率器件进行可靠性测试时，常常通过引入加速因子(如温度、电流)，或增加温度变化率的方式进行加速测试。基于此，在失效寿命模型的基础上考虑结温均值变化率和电流等级的影响，引入温度循环加速因子 $\mathrm{AF}(t_{\mathrm{on}})$ 和电流加速因子 $\mathrm{AF}(i)$，则电网故障对功率器件的影响如下所示：

$$N_{\mathrm{f\_fault}}(T_{\mathrm{m}}, \Delta T_{\mathrm{m,fault}}) = A \cdot \Delta T_{\mathrm{m,fault}}^{\alpha} \cdot \exp\left(\frac{E_{\mathrm{a}}}{K \cdot T_{\mathrm{m}}}\right) \cdot \mathrm{AF}(i) \cdot \mathrm{AF}(t_{\mathrm{on}}) \tag{5.20}$$

电流加速因子可表示为

$$\mathrm{AF}(i) = \left(\frac{i}{I_{\mathrm{rated}}}\right)^{\beta} \tag{5.21}$$

温度循环加速因子可表示为

$$\mathrm{AF}(t_{\mathrm{on}}) = \left(\frac{t_{\mathrm{on,fault}}}{t_{\mathrm{on,op}}}\right)^{\gamma} \tag{5.22}$$

式中，i 为故障时刻功率器件电流；$\Delta T_{\mathrm{m,fault}}$ 为故障前后结温均值波动幅值；$t_{\mathrm{on,fault}}$ 为故障时间，$t_{\mathrm{on,op}}$ 为电网正常运行长时间尺度采样间隔，本节中对应为 60s；$N_{\mathrm{f\_fault}}$ 表示电网故障后考虑结温均值波动、故障电流影响的功率器件的失效循环次数；I_{rated} 为器件额定电流；β、γ 由多次实验结果拟合获得。长时间尺度寿命评估模型的具体参数取值见表 5.4。

表 5.4　长时间尺度寿命评估模型相关参数取值

参数	值	参数	值
A	640	β	-4.716
α	-6.38	γ	0.463
$E_{\mathrm{a}}/\mathrm{eV}$	0.8	$I_{\mathrm{rated}}/\mathrm{A}$	450
$K/(\mathrm{eV/K})$	$8.617\mathrm{e}^{-5}$	$t_{\mathrm{on,op}}/\mathrm{s}$	60

　　基于以上所述模型及风场全年风速采样数据，长时间尺度下考虑电网低电压穿越故障影响的年损伤评估流程如图 5.22 所示。

　　首先，在电网正常运行条件下(电网电压运行状态 j 为 1)，根据稳态热仿真结果统计当风速大小处于第 i 个状态下的稳态结温平均值，对应得到全年的载荷分布结果。基于此载荷结果采用雨流计数法，提取得到多组定波动幅度的恒定载荷结果，其中任意一组的循环次数为 $n_x(T_{\mathrm{m}}, \Delta T_{\mathrm{m}})$，得到电网正常运行状态下由该

恒定载荷导致的年损伤结果为

$$D_x(T_{\rm m},\Delta T_{\rm m}) = \frac{n_x(T_{\rm m},\Delta T_{\rm m})}{N_{\rm f\_nom}} \tag{5.23}$$

其次，依然采用多状态概率评估思想，得到状态 $S(i,j)$ 下电压跌落前后结温均值波动情况。假设该故障的年发生次数为 $n_{\rm fault}(i,j)$，则电网电压跌落导致的年损伤结果为

$$D_{\rm fault}(i,\ j) = \frac{n_{\rm fault}(i,\ j)}{N_{\rm f\_fault}} \tag{5.24}$$

合并式 (5.23)、式 (5.24) 可得考虑电网故障低频长时间尺度下结温均值波动所导致的故障率为

$$\lambda_{\rm long} = \sum_{x=1}^{N} D_x(T_{\rm m},\Delta T_{\rm m}) + \sum_{j=2}^{N_{\rm T}} \sum_{i=1}^{N_{\rm Th}+1} D_{\rm fault}(i,j) \tag{5.25}$$

式中，x 为用雨流计数法提取组数，N 为总组数。

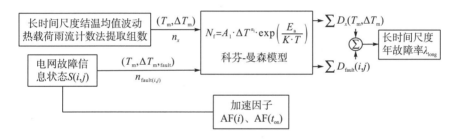

图 5.22　长时间尺度下年损伤评估流程框图

5.4.3　计及电网电压故障穿越累积效应的双馈风电变流器 IGBT 功率器件寿命评估

已知风场实测风速、气温数据以及故障前后不同运行状态下热仿真结果，结合上节建立的多时间尺度寿命评估模型，即可进行计及电网电压故障穿越累积效应的风电变流器可靠性评估，其评估流程图如图 5.23 所示。

(1) 对风电场的风速和变流器参数等关键运行参数进行收集。确定年风速采样条件、切入风速、额定风速、切出风速等，并根据所使用功率器件的不同选择寿命评估模型参数。

(2) 对二维概率模型进行状态划分，确定风速采样间隔和电网运行状态，总共划分 $N_{\rm T}\cdot N_{\rm V}$ 种运行状态，由第 3 章所建结温计算模型得到不同运行状态下的结温分布情况，统计每个运行状态下的持续时间。

(3) 对于短时间尺度模型，由式 (5.14) 和式 (5.15) 得到该状态下的热应力因子

和温度循环因子，由式(5.18)得到由短时间尺度下基频波动导致的器件故障率。对于长时间尺度模型，包括电网正常风速波动造成的损伤和电网电压跌落造成的损伤两部分：①由各风速采样点对应稳态结温均值得到电网正常运行工况下年热载荷分布，采用雨流计数法将与风速波动相关的随机载荷波动转化为恒幅载荷，得到一系列离散的关于低频结温波动和波动次数的分布结果，代入公式(5.25)即可得电网正常情况下由风速波动导致的年损伤分布结果。②将电网电压跌落故障前后结温均值变化幅度、跌落后电流和故障时间代入式(5.19)、式(5.20)即得到该次故障的损伤结果。由公式(5.25)即可得到全年由长时间尺度下功率输出变化低频结温波动导致的模块故障率。

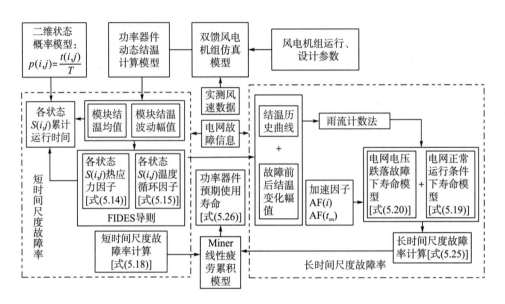

图 5.23　计及电网故障累积效应的风电变流器功率器件可靠性评估框图

(4)根据 Miner 线性疲劳累积模型，将长时间尺度下的故障率λ_{long}和短时间尺度下的故障率λ_{short}相加，即可得变流器功率器件最终的故障率λ，对故障率取倒数即可预测功率器件平均失效时间(MTTP)，如式(5.26)所示：

$$\text{MTTP}=\frac{1}{\lambda_{\text{long}}+\lambda_{\text{short}}} \tag{5.26}$$

为了验证本书所提寿命评估模型的有效性，本书以文献[69]所提供某风场2009 年实测风速为例，其时序分布如下图 5.24 所示。首先，基于本书所提结温计算方法，以热薄弱环节芯片 Q6 位置结温为参考，对全年电网正常运行状态下故障率进行计算，验证了模型的可行性，并与基于传统结温计算方法结果的故障率评估结果进行了对比。其次，基于本书提出的寿命评估模型，比较了计及电网故障穿越与否的寿命预测结果。

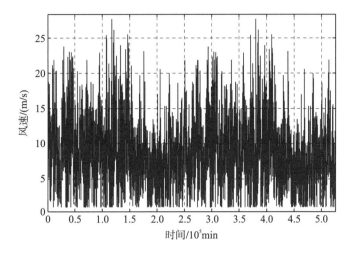

图 5.24　某风场全年风速时序分布

具体方法如下：

(1)运行工况二维状态模型划分及结温计算结果统计。对风电机组运行状态进行划分，风速状态在切入风速(4.5m/s)至额定风速(12.5m/s)范围以 1m/s 为间隔取整数风速进行划分。对超过额定风速的，统一看作额定风速，则 N_T 为 8，共可划分 9 个状态；电网运行电压采样间隔为 0.2，则 N_V 取为 5，总共 9×5 种运行状态。通过风电机组故障穿越模型得到全年不同电网电压运行状态下结温均值的分布情况，具体结果见表 5.5 和表 5.6。

表 5.5　不同运行状态下变流器结温均值

风速/(m/s)	结温均值/℃				
	1p.u.	0.8p.u.	0.6p.u.	0.4p.u.	0.2p.u.
5	44.5	49.25	58.75	62.5	60
6	47	51	60.5	65	62.5
7	49	53	62.5	67	65
8	51.5	56.5	65.5	71.5	73.5
9	58	63.5	74.5	83	90
10	61.5	67	78	85.5	82.5
11	66.5	72.5	83	86	84.5
12	72.5	78.5	88.5	88	86.5
大于 12.5	81.5	86.5	93	91.5	91

表 5.6　　不同运行状态下变流器结温波动幅值

风速/(m/s)	结温波动幅值/℃				
	1p.u.	0.8p.u.	0.6p.u.	0.4p.u.	0.2p.u.
5	6	9.5	15.5	19	18
6	7	10	17	22	20.5
7	8	12	19	24	22
8	13	19	29	35	41
9	30	39	59	74	90
10	29	39	56	69	65
11	19	30	44	45	38
12	19	19	33	30	27
大于 12.5	17	27	32	29	28

(2) 电网正常运行工况下短时间尺度基频结温波动故障率。基于全年风速时序分布统计得到该风场不同风速状态的持续时间，统计结果见图 5.25。从图中可以发现，全年在额定风速以上的运行时间最长，达到近 1500h，其他风速的运行时长多集中在 1000h 以下。由式(5.16)得到不同风速下运行频率，代入式(5.17)即可得到全年该风速状态的波动次数，采用 Miner 线性累积模型，结合表 5.5、表 5.6 即可得到全年不同风速状态下由基频结温波动导致短时间尺度故障率。图 5.26 为基于不同结温计算模型的短时间尺度故障率对比，相同的是二者损伤分布基本一致，额定风速以上造成的损伤最高，其他风速下同步风速附近的故障率最高，且超同步运行状态下故障率高于次同步运行状态。这是由于同步风速点附近结温波动值最大，且随着风速的增大结温均值逐渐上升，对功率器件的损伤逐渐增加。可以看出，在短时间尺度下基频结温的波动幅值对功率器件的寿命影响占据主导

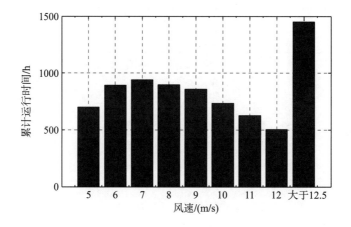

图 5.25　全年不同风速状态持续时间

地位。在波动幅值一定的情况下，结温均值越高对寿命影响越大，这与实际应用分析一致。但不同的是，基于传统结温计算方法的结温波动幅值和结温均值均低于器件内热薄弱环节，因此对各风速状态下功率器件年故障率的评估较低，易过高估计功率器件的使用寿命。

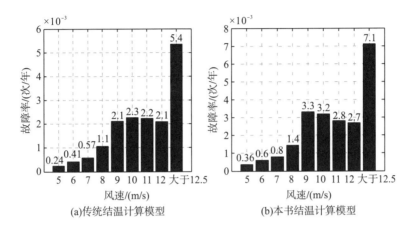

图 5.26　基于不同结温计算方法的全年短时间尺度基频波动累积故障率对比

(3) 电网正常运行工况下长时间尺度低频结温波动故障率。根据风速状态与结温均值的对应关系，由雨流计数法即可提取全年低频结温波动情况，如图 5.27(a) 所示为基于传统结温计算模型的提取结果，可以看出低频结温波动多集中在 10℃ 以下，计算可得对应年故障率 λ_{long} 为 0.0132 次/年。图 5.27(b) 所示的基于本书热薄弱环节的低频结温波动多集中在 20℃ 以下，对应年故障率 λ_{long} 为 0.0223 次/年。

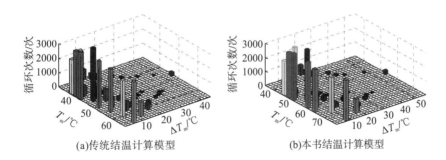

图 5.27　基于不同结温计算方法的长时间尺度低频结温波动载荷雨流计数法提取结果对比

(4) 电网正常运行工况下寿命模型计算结果及验证。将长时间尺度和短时间尺度结温波动影响下故障率的计算结果相加，即可得电网正常运行条件下基于不同结温计算模型的变流器功率器件年故障率结果，分别为 0.0295 次/年和 0.0452 次/年，与文献[69]转子侧功率器件计算结果(0.028 次/年)和文献[48]计算结果(0.0448 次/年)处于同一数量级，验证了本书建立变流器可靠性评估模型的有效性。将计算结果代入式(5.19)，即可得到电网正常运行情况下该风场变流器功率器件使用寿命，分别为 33 年和 22.1 年，均满足功率器件使用寿命要求(20～30 年)。不同的是，以本书热薄弱环节结温作为参考的评估结果(22.1 年)更加贴近实际使用年限经验值，而以传统结温计算模型作为参考则易过高的估计功率器件实际使用寿命。

　　(5)计及电网故障累积效应前后对功率器件寿命的影响对比。鉴于目前对电网故障电压跌落程度与故障发生时风速运行工况记录数据较少，由故障前后结温分布结果可知，在风电机组运行于同步风速附近，且电网发生最严重电压跌落故障(电网电压跌至 0.2p.u)的情况下，对应运行状态为 $S(5，5)$，即故障前后结温均值波动和故障后结温波动都为最大，对功率器件可靠性的影响最为严峻。因此，本书假设在该状态下年故障次数为 10 次，基于本书提出的寿命评估方法，对比计及电网电压跌落故障累积效应的寿命计算结果与不考虑故障穿越影响的寿命评估结果如图 5.28 所示，可以看到计及电网故障穿越损伤累积的寿命预测结果较正常电网运行工况下减少了约 5 年，功率器件可靠性降低。

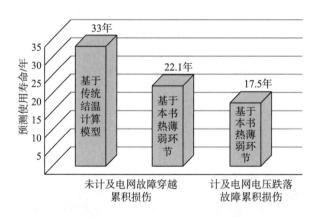

图 5.28　IGBT 功率器件寿命预测

　　为了分析电网故障发生时变流器运行状态与电网电压跌落程度对变流器故障率的影响，本书以电网年发生 10 次低电压穿越故障为例，对全运行工况下电网电压跌落对变流器可靠性的影响进行了统计，统计结果如图 5.29 所示。可以看出，对故障率影响较大的工况主要集中在同步风速点附近且电网电压跌落程度较大区域(低于 0.4p.u.)，故障率为 0.002～0.01 次/年，假设以功率器件寿命为 20 年，其等效故障率为 0.05 次/年为例，则电网电压跌落对功率器件造成的损伤占该器件故障率的 4%～20%。其他运行工况下，电网故障对功率器件寿命的影响较小，可忽略不计。

为了分析电网故障次数对功率器件寿命的影响，以对可靠性影响最大的运行状态 $S(5，5)$ 为例，年电网故障频率与寿命的关系如图 5.30 所示。随着故障次数的增加功率器件寿命线性减少，当电网一年内发生严重电压跌落，出现低电压穿越次数为 20 次时，功率器件寿命减少 7.5 年，可见电网电压跌落故障对功率器件寿命的影响不可忽略。为了满足功率器件预期 20 年的使用寿命要求，在该状态下电网故障发生的次数不能超过 4 次/年。

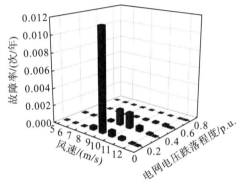

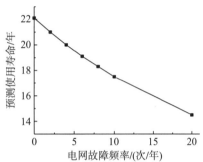

图 5.29　全运行工况下电网电压
跌落故障率

图 5.30　功率器件使用寿命与电网
年故障次数的关系

5.5　本　章　小　结

本章首先采用随机函数设计载荷，采用雨流计数法提取随机载荷谱的载荷信息，定量分析传统寿命模型(忽略小载荷、线性累积)与非线性累积寿命模型之间的差异，得到在 $\Delta T_j > 6℃$ 时科芬-曼森模型(忽略小载荷)和线性累积模型存在较大误差。例如，当 $\Delta T_j = 18.26℃$ 时，科芬-曼森模型计算结果约为分段式累积模型的 2 倍。其次，在实际风速下以 1.5MW 双馈风电机组机侧变流器 IGBT 器件为对象，研究不同环境温度和开关频率对器件寿命的影响，结果显示开关频率和环境温度对变流器寿命有着重要影响。本章通过算例分析，从定性的角度上说明长期低强度应力对寿命的影响，以及通过科芬-曼森模型、线性累积模型与非线性累积模型结果对比，定量分析忽略长期小载荷、Miner 线性累积的误差。

此外，为了准确评估双馈风电变流器在电网低电压穿越控制下功率器件热分布及其可靠性影响，本章提出的计及电网低电压故障穿越累积效应的变流器功率器件多时间尺度寿命评估模型，能准确评估电网正常运行条件下功率器件寿命。在此基础上，还综合考虑电网故障、风速运行状态等复杂运行工况对功率器件寿命的影响，更加贴近风电机组实际运行工况。实例计算表明，风电机组运行在同步风速附近、电网电压跌落最严重(U_G=0.2p.u.)时故障率最高，对可靠性影响最大，为满足功率器件预期 20 年的使用寿命要求，在该工况下电网故障发生的次数不能超过 4 次/年。

第6章 基于组合调制策略的双馈风电变流器 IGBT 器件结温抑制策略

风电机组复杂多变的运行工况，直接影响变流器在风电机组并网运行过程中的可靠性[79-81]。随着风电机组单机容量的不断爬升，应用在大功率风电变流器上的多芯片功率器件的损耗、结温及结温波动不同程度增加[82,83]，而频繁的结温变化会加速 IGBT 器件疲劳寿命消耗，研究出有效抑制结温及结温波动的方法对于提高变流器运行可靠性非常重要。IGBT 器件开关损耗是其损耗的主体之一，且随着开关频率的增加，开关损耗对总损耗的主导作用将持续增强。从已有研究发现，对于功率器件而言，不同调制策略本身对器件热性能影响不同[84-87]，而目前大功率变流器调制策略在选择和设计时并未考虑其对变流器热性能的影响。

基于此，本章通过分析不同组合非连续空间矢量调制(discontinuous space vector pulse width modulation，DSVPWM)策略对风电变流器损耗及结温的影响，提出一种减小 IGBT 器件开关损耗并进而抑制其结温的机侧变流器组合分段调制策略。首先，利用三相变流器结温测试平台，对不同调制策略下 IGBT 器件结温进行比较。其次，通过推导双馈风电机组机侧变流器功率因数角表达式，对机侧变流器功率因数角变化范围进行分析，并基于此提出组合分段 DSVPWM 策略。最后，对机组不同出力下的变流器电热性能及调制性能进行分析和比较。

6.1 基于 DSVPWM 策略的变流器结温抑制原理

6.1.1 不同 DSVPWM 策略

按照零电平排列方式划分，目前主要有 DSVPWMMAX、DSVPWMMIN、5 段式 SVPWM 调制方法、DSVPWM0、DSVPWM1、DSVPWM2、DSVPWM3 七种 DSVPWM 策略[88]。其中，DSVPWMMAX、DSVPWMMIN 属于 120° 不连续调制，由于其 120° 不开关扇区位于相电压的正或负半周，会使变流器每相的上、下桥臂损耗不均及热应力失衡，这两种方案不适用于高功率逆变器；DSVPWM0~DSVPWM2 属于 60° 不连续调制，两个 60° 不开关扇区对称分布在相电压正、负半周；DSVPWM3 属于 30° 不连续调制，每相电压拥有 4 个间隔

60°对称分布的 30°不开关扇区。由于 120°不开关扇区对称分布在相电压的正、负半周，DSVPWM0～DSVPWM3 可作为降低变流器开关损耗的可选调制策略。若定义某相电压正半周不开关扇区的角平分线与该相电压正半周轴线的夹角 α 为调制策略的不开关扇区角，则 DSVPWM0～DSVPWM3 的不开关扇区角如图 6.1 所示。由图 6.1 可知，DSVPWM0～DSVPWM3 策略所对应的 α 分别为-30°、0°、30°、±45°。

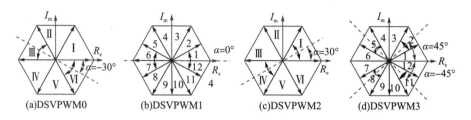

图 6.1　DSVPWM0～DSVPWM3 不开关扇区角示意图

6.1.2　基于 DSVPWM 策略的变流器结温抑制思路

由变流器开关损耗表达式可知，当变流器直流侧电压 V_{DC} 固定，且开关频率 f_s 恒定时，开关损耗的减小只能通过减小开关电流来实现。DSVPWM0～DSVPWM3 存在 120°不开关扇区，如果其不开关扇区落在负载电流的峰值处，则可有效减少一个周期内流过功率器件的电流。假设变流器三相对称负载功率因数角为 φ（即负载电流滞后给定调制参考电压 V^* 的角度），使 $\alpha=\varphi$，则能让不开关扇区位于负载电流正、负半周的最大幅值附近，有效降低功率器件开关损耗。由于不同 DSVPWM 策略的不开关扇区角 α 不同，需根据变流器负载功率因数角选择 DSVPWM 策略。普通并网逆变器或以一般电机为负载的变流器，其负载功率因数角变化范围单一，通常只需采用一种 DSVPWM 策略，但双馈风电机组运行特性决定了其机侧变流器功率因数角变化范围与普通并网逆变器存在区别，有必要对此做进一步分析。

6.1.3　不同调制策略下的结温实验比较

为间接验证不同 DSVPWM 策略对 IGBT 器件结温的影响，以纯电阻负载为例，利用搭建的三相变流器结温实验平台，对采用 DSVPWM0～DSVPWM3 策略的 IGBT 结温进行了实验测量，实验原理图如图 6.2 所示。

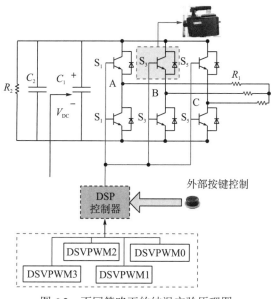

图 6.2 不同策略下的结温实验原理图

不同策略下的结温实验平台参数和设备型号如表 6.1 所示。

表 6.1 不同策略下的结温实验平台参数

参数或设备	值或型号	参数或设备	值或型号
直流电压 V_{DC}/V	48	IGBT 器件	1200V/50A
直流稳压电容 C_1/μF	3300	红外采样频率/Hz	400
开关频率 f_s/Hz	10000	红外成像仪	FLIR_SC7000
负载电阻 R_1/Ω	2	可调电压源	Chroma_61845
负载电感 L/mH	1	驱动器件	TX-DA9620D6
卸荷电阻 R_2/Ω	1020	控制器	TIDSP28335
吸收电容 C_2/μF	0.22		

实验过程中，由 DSP 控制器产生四种 DSVPWM 调制信号，通过外部按键进行调制策略的切换，调制策略切换顺序为 DSVPWM0～DSVPWM3。按顺序记录 IGBT 结温波形变化，得到如图 6.3 所示实验结果。

由图 6.3 可知，在固定负载电路中，四种调制策略下的 IGBT 结温变化不同。对于纯电阻负载，四种调制策略的 IGBT 结温变化幅值由大到小顺序为：DSVPWM3＞DSVPWM0＞DSVPWM2＞DSVPWM1。由图 6.1 可知，DSVPWM1 对应的开关损耗最小负载功率因数角为 0°，在纯电阻负载电路中，DSVPWM1 对于 IGBT 开关损耗抑制效果最优，与实验结果相符。而当负载发生变化，负载功率因数角偏离 0°，DSVPWM1 对 IGBT 器件损耗抑制效果将降低，且随着负载功率因数角偏离程度增加，DSVPWM1 会逐渐被其他 DSVPWM 调制策略超越。因此，对于不同负载功率因数角的运行工况，采用不同 DSVPWM 策略，将有利于降低 IGBT 结温及结温波动。

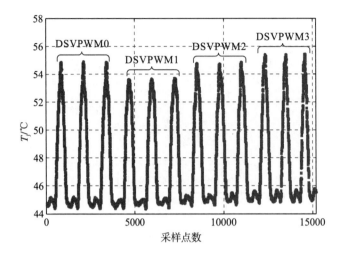

图 6.3　DSVPWM0~DSVPWM3 策略下 IGBT 的结温波形

6.2　组合分段 DSVPWM 策略对变流器结温及调制性能的影响

6.2.1　机侧变流器负载功率因数角分析

对采用定子磁链定向矢量控制的机侧变流器而言，当同步速旋转坐标系 d 轴定向于定子磁链矢量 $\boldsymbol{\psi}_{\mathrm{s}}$ 时，其转子电压 d 轴、q 轴分量可表示为[89]：

$$\begin{cases} u_{\mathrm{rd}} = R_{\mathrm{r}} i_{\mathrm{rd}} + s L_{\mathrm{r}} \dfrac{\mathrm{d} i_{\mathrm{rd}}}{\mathrm{d} t} - \omega_{\mathrm{slip}} y_{\mathrm{rq}} \\ u_{\mathrm{rq}} = R_{\mathrm{r}} i_{\mathrm{rq}} + s L_{\mathrm{r}} \dfrac{\mathrm{d} i_{\mathrm{rq}}}{\mathrm{d} t} + \omega_{\mathrm{slip}} y_{\mathrm{rd}} \end{cases} \tag{6.1}$$

将转子磁链用定子磁链和转子电流 d 轴、q 轴分量表示，则

$$\begin{cases} \psi_{\mathrm{rd}} = \dfrac{L_{\mathrm{m}}}{L_{\mathrm{s}}} \psi_{\mathrm{s}} + \sigma L_{\mathrm{r}} i_{\mathrm{rd}} = \dfrac{L_{\mathrm{m}}^2}{L_{\mathrm{s}}} i_{\mathrm{ms}} + \sigma L_{\mathrm{r}} i_{\mathrm{rd}} \\ \psi_{\mathrm{rq}} = \sigma L_{\mathrm{r}} i_{\mathrm{rq}} \end{cases} \tag{6.2}$$

式中，R_{r} 为转子电阻；i_{rd}、i_{rq} 分别为转子电流 d 轴、q 轴分量；$\sigma = 1 - L_{\mathrm{m}}^2 / L_{\mathrm{s}} L_{\mathrm{r}}$ 为发电机漏磁系数；L_{s}、L_{r} 分别为定子漏感、转子漏感；L_{m} 为激磁电感；$\omega_{\mathrm{slip}} = \omega_1 - \omega_{\mathrm{r}}$，为转差角速度；$\omega_1$、$\omega_{\mathrm{r}}$ 分别为同步角速度和转子旋转角速度；ψ_{rd}、ψ_{rq} 分别为转

子磁链 d 轴、q 轴分量；ψ_s 为定子磁链矢量；i_{ms} 为定子励磁电流。

将式 (6.2) 代入式 (6.1) 可得转子电压 d 轴、q 轴表达式为

$$\begin{cases} u_{rd} = R_r i_{rd} + \sigma L_r \dfrac{di_{rd}}{dt} - \omega_{slip} \sigma L_r i_{rq} \\ u_{rq} = R_r i_{rq} + \sigma L_r \dfrac{di_{rq}}{dt} + \omega_{slip} \left(\dfrac{L_m}{L_s} \psi_s + \sigma L_r i_{rd} \right) \end{cases} \tag{6.3}$$

计算变流器的给定参考电压与流过变流器的负载电流之间的相位，即转子电压 u_r 与转子电流 i_r 的相位差，可得机侧变流器功率因数角：

$$\varphi_r = \varphi_{u_r} - \varphi_{i_r} \tag{6.4}$$

式中，

$$\begin{cases} \varphi_{u_r} = \arctan \dfrac{u_{rd}}{u_{rq}} \\ \varphi_{i_r} = \arctan \dfrac{i_{rd}}{i_{rq}} \end{cases} \tag{6.5}$$

通过式 (6.4) 即可计算机侧变流器功率因数角瞬时值。

从式 (6.3)～式 (6.5) 可知，转子电流 d 轴、q 轴分量 i_{rd}、i_{rq} 是计算机侧变流器功率因数角的基础。从定子磁链定向矢量控制原理可知，转子电流 d 轴、q 轴分量直接控制机组定子侧有功出力、无功出力，可视为联系机侧变流器与机组定子的"纽带"。为了获得机侧变流器在机组不同运行范围下的功率因数角，本书将双馈风电机组定子看作机侧变流器的"负载"，通过改变定子出力分析机侧变流器功率因数角的变化范围。

基于定子磁链定向矢量控制下的定子功率表达式，可反推得转子电流 d 轴、q 轴表达式如下：

$$\begin{cases} i_{rq} = \dfrac{2 P_s L_s}{3 L_m \omega_1 \psi_s} \\ i_{rd} = \dfrac{2 Q_s L_s}{3 L_m \omega_1 \psi_s} + \dfrac{\psi_s}{L_m} \end{cases} \tag{6.6}$$

式中，P_s、Q_s 分别为定子有功出力、无功出力。

由式 (6.6) 可知，双馈发电机定子侧有功功率、无功功率主要受转子侧变流器电流限制[90]，转子电流 d 轴、q 轴分量则受其最大幅值限制，须符合下式：

$$i_{rd}^2 + i_{rq}^2 = i_r^2 \leqslant I_{r_{max}}^2 \tag{6.7}$$

式中，$I_{r_{max}}$ 为转子电流限值。将式 (6.6) 代入式 (6.7)，整理可得定子侧无功出力 Q_s 范围如下：

$$Q_{s_{min}} \leqslant Q_s \leqslant Q_{s_{max}} \tag{6.8}$$

其中，

$$\begin{cases} Q_{s_{max}} = \sqrt{\left(\dfrac{3L_m\omega_1\psi_s I_{r_{max}}}{2L_s}\right)^2 - P_s^2} - \dfrac{3\omega_1\psi_s^2}{2L_s} \\[4mm] Q_{s_{min}} = -\sqrt{\left(\dfrac{3L_m\omega_1\psi_s I_{r_{max}}}{2L_s}\right)^2 - P_s^2} - \dfrac{3\omega_1\psi_s^2}{2L_s} \end{cases} \tag{6.9}$$

为了分析双馈风电机组机侧变流器在机组不同运行范围下的功率因数角变化情况，本书以某 2MW 双馈风电机组为例，在常规运行工况下($-0.15 < s < 0.15$，s 为转差率，对应转子转速 n_r 范围为 $1273 \sim 1690$r/min、定子有功出力 P_s 范围为 $0.96 \sim 1.76$MW、转子电流限值 $I_{r_{max}} = 2648.1$A)对机组实施最大功率点跟踪控制，基于式(6.9)计算得到如图 6.4 所示的某 2MW 双馈风电机组定子功率边界。

在图 6.4 所示的机组定子出力范围内，由式(6.3)、式(6.6)分别计算出转子电压、电流的 d 轴、q 轴分量稳态值，进一步利用式(6.4)、式(6.5)计算得到该机组在不同有功出力、无功出力下的机侧变流器功率因数角，如图 6.5 所示。

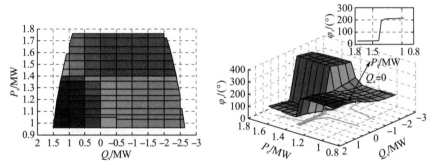

图 6.4   某 2MW 双馈风电机组定子功率边界   图 6.5   某 2MW 双馈风电机组定子有功出力、
($-0.15 < s < 0.15$)   无功出力与机侧变流器功率因数角关系

由图 6.5 可知，双馈风电机组的机侧变流器功率因数角与机组定子出力密切相关，随定子有功出力、无功出力变化较普通逆变器变化范围更大。考虑到双馈风电机组常工作在功率因数角为 1 的情况，将该 2MW 机组机侧变流器功率因数角稳态计算结果按 $Q_s = 0$ 和 $Q_s \neq 0$ 两种工况进行分析：①当 $Q_s = 0$ 时，机侧变流器功率因数角分别维持在[25°，30°]、[208°，214°]，且机侧变流器功率因数角变化范围主要由定子有功出力和机组固有参数决定；②当 $Q_s \neq 0$ 时，机侧变流器功率因数角变化范围明显增大，且主要受定子有功功率(或转差率 s)和定子无功出力的变化影响。此时，可进一步分为四种工况，如表 6.2 所示。

表 6.2   无功出力变化下机侧变流器功率因数角变化范围

运行工况	功率因数角变化范围	运行工况	功率因数角变化范围
$s > 0$、$Q_s < 0$	[125°,190°]	$s < 0$、$Q_s < 0$	[0°,15°]、[310°,360°]
$s > 0$、$Q_s > 0$	[205°,250°]	$s < 0$、$Q_s > 0$	[25°,60°]

6.2.2　基于组合分段 DSVPWM 调制策略的机侧变流器 IGBT 结温抑制

双馈风电机组在不同定子出力下，其机侧变流器功率因数角在[0°，360°]内变化。因此，单一 DSVPWM 策略无法有效降低 IGBT 开关损耗和结温。基于此，本章依据不同 DSVPWM 对应的抑制开关损耗功率因数角范围对机侧变流器功率因数角变化范围进行分段，并联合多种 DSVPWM 策略提出对机侧变流器实施分段调制。

由于机侧变流器功率因数角变化范围超出[-90°，90°]，可将[-90°，90°]以外的角度通过±$k\pi$变换到[-90°，90°]范围内，再按照[-90°，90°]内的调制策略分配原则选择调制策略。参考不同 DSVPWM 策略所对应的逆变器功率因数角范围[91-93]，本书选择当 $\varphi_r \in$[-45°，15°]、$\varphi_r \in$[-15°，15°]、$\varphi_r \in$[-15°，45°]时分别采用 DSVPWM0、DSVPWM1、DSVPWM2；当 $\varphi_r \in$[-90°，-45°]$\cup$[45°，90°]时，由于 DSVPWM3 较 DSVPWM0～DSVPWM2 的变流器开关损耗波形更为平稳，故采用 DSVPWM3。根据以上 DSVPWM 策略分配原则，由图 6.5 所示的 2MW 机侧变流器功率因数角稳态计算结果可知，当 Q_s=0 时，仅需采用 DSVPWM2 策略；当 Q_s≠0 时，需使用 DSVPWM0～DSVPWM3 四种策略。

由此，建立了基于变流器功率因数角变化范围的组合分段 DSVPWM 调制策略控制流程，如图 6.6 所示，具体步骤如下。

(1) 从机组控制信号中提取转子电压、电流 d 轴、q 轴分量：u_{rd}、u_{rq}、i_{rd}、i_{rq}。

(2) 根据式 (6.4)、式 (6.5) 计算机侧变流器功率因数角 φ_r，得到机侧变流器功率因数角所属范围。

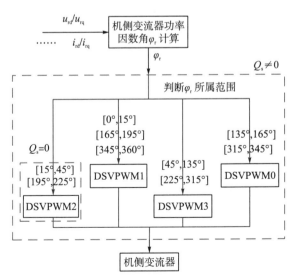

图 6.6　机侧变流器组合分段 DSVPWM 调制策略控制流程

（3）根据图 6.6 中 DSVPWM 策略分配方案，选择并执行当前 φ_r 所对应的开关损耗最优调制策略。

6.2.3　机组有功出力变化下组合分段 DSVPWM 策略的结温抑制效果

由于 P_s、Q_s 直接影响并决定 φ_r 的变化范围，为了体现分段 DSVPWM 策略对机侧变流器结温的抑制效果，在不同 P_s 工况下，对不同调制策略下机侧变流器电热性能进行仿真比较。

假定定子无功出力为零（Q_s=0），初始风速为 9.2m/s（P_s=1.05MW、n_r=1304r/min、$s\approx$0.13），经过 5s 后风速阶跃为 12m/s（对应 P_s=1.76MW、n_r=1690r/min、$s\approx$-0.13）。在该仿真环境下，对机侧变流器分别采用分段 DSVPWM 和传统 CSVPWM 策略，得到如图 6.7 所示的机组运行性能和机侧变流器 IGBT 热性能仿真结果。

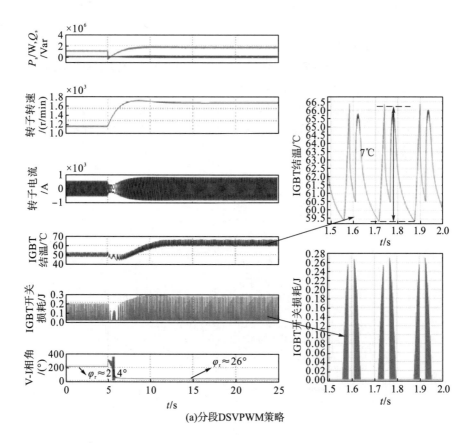

(a)分段DSVPWM策略

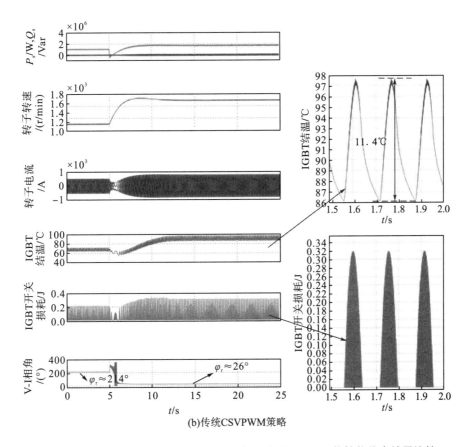

图 6.7　不同调制策略下机组运行性能和机侧变流器 IGBT 热性能仿真结果比较

对比图 6.7(a) 和 (b) 波形可知：①当 Q_s=0，P_s 分别为 1.05MW 和 1.76MW 时，机侧变流器功率因数角分别为 214° 和 26° 左右，正好落在前述的稳态计算范围 [208°，214°]、[25°，30°] 内。②从采用分段 DSVPWM 策略的 IGBT 开关损耗波形可知，在每半个工频周期内的波峰附近存在一段时间的零幅值状态，从 IGBT 结温波形看，这段开关损耗为零的状态切断了结温的持续上升，且位于 CSVPWM 策略下结温波形的峰值附近，致使 IGBT 结温均值与结温波动幅值较 CSVPWM 策略显著降低。③两种调制策略下机组定子功率、转子转速、转子电流波形基本一致，说明分段 DSVPWM 策略不会影响机组及其控制系统运行性能。

图 6.7 中 12m/s 稳态风速下 IGBT 结温均值(T_j)和结温波动幅值(ΔT_j)情况如表 6.3 所示。可以发现，在 12m/s 风速下，与 CSVPWM 策略相比，采用分段 DSVPWM 策略的机侧变流器 IGBT 结温均值及结温波动幅值分别降低 32%和 39%。

表 6.3　稳定风速下不同调制策略的机侧变流器结温均值与结温波动幅值比较　（单位：℃）

调制策略	IGBT 结温均值	IGBT 结温波动幅值
CSVPWM	91	11.4
分段 DSVPWM	62	7

此外，表 6.4 给出了不同输出频率下，两种调制策略的 IGBT 结温均值 (T_j) 和结温波动幅值 (ΔT_j) 情况。可以发现，在定子无功出力为零工况下，随着输出频率降低，IGBT 器件结温波动增大，而分段 DSVPWM 策略可有效抑制机侧变流器 IGBT 结温和结温波动。

表 6.4　不同输出频率下两种调制策略的机侧变流器结温均值与结温波动幅值比较（单位：℃）

调制策略	$(T_j,\ \Delta T_j)$			
	0.5Hz	3Hz	7Hz	13Hz
CSVPWM	(80.4, 25.4)	(74.3, 12.1)	(67.5, 8.1)	(59, 5)
分段 DSVPWM	(55.6, 13.7)	(53.3, 7.1)	(49.3, 4.8)	(45, 3.2)

6.2.4　机组无功出力变化下组合分段 DSVPWM 策略的结温抑制效果

为了进一步分析 DSVPWM 策略对机侧变流器的结温抑制效果，在机组无功出力变化下对其进行仿真。假定机组运行在恒定风速为 12m/s (P_s=1.76MW、n_r=1690r/min) 环境下，当系统稳定后要求机组定子发出 0.89MW 无功、在第 1～2s 时段内发出 0.15MW 无功、在第 2～3s 时段内吸收 0.95MW 无功。在该仿真过程中，对采用分段 DSVPWM 和 CSVPWM 策略的机侧变流器控制性能与 IGBT 电热性能进行仿真研究，结果如图 6.8 所示。

从图 6.8 波形可知：①当 P_s=1.76MW，Q_s 分别为 0.89MW、0.15MW、−0.95MW 时，机侧变流器功率因数角分别为 49°、31°、357°，与前述[25°，60°]、[310°，360°] 的稳态分析相一致。②与采用 CSVPWM 策略的机侧变流器 IGBT 结温相比，采用分段 DSVPWM 策略在 0～3s 内三种工况下 IGBT 的结温均有所降低，其中结温均值分别下降了 20.3℃、23.5℃、25.6℃（降幅分别为 22%、25%、27%），结温波动幅值分别下降 3.7℃、3.6℃、4.2℃（降幅分别为 26%、30%、36%）。从 IGBT 开关损耗波形可以看出，分段 DSVPWM 策略可在定子无功出力变化时通过不同 DSVPWM 的快速切换，保持不开关扇区位于开关损耗波形的峰值附近，有效抑制了机侧变流器 IGBT 结温的持续上升。③两种调制下的机组定子有功、无功波形基本一致，也就是说本书提出的分段 DSVPWM 策略对变流器的控制性能影响不大。

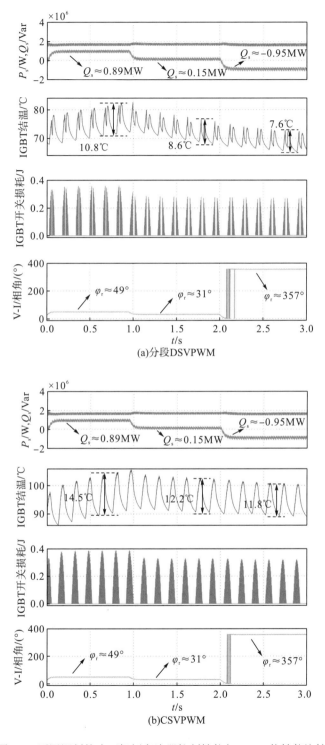

图 6.8　不同调制策略下机侧变流器控制性能与 IGBT 热性能比较

6.3　不同空间矢量调制策略的谐波性能比较

风电变流器在选择不同调制策略时，其谐波性能不同，是否满足系统要求是值得研究的问题。为了进一步明确采用分段 DSVPWM 策略对变流器调制性能可能带来的影响，有必要对不同空间矢量调制策略的谐波情况进行分析。调制策略的谐波性能可由其谐波畸变因数(harmonic distortion factor，HDF)表征。HDF 为调制度 M 的单值函数，对于空间矢量脉冲宽度调制(space vector pulse width modulation，SVPWM)而言，其 HDF 计算表达式如下[94]：

$$\mathrm{HDF} = f(M) = aM^2 + bM^3 + cM^4 \tag{6.10}$$

式中，a、b、c 是与调制策略相关的系数，在不同调制策略中，它们的数值如表 6.5 所示[84]。

表 6.5　不同调制策略下 HDF 计算式中系数 a、b、c 的取值

调制策略	a	b	c
CSVPWM	1.5000	−2.2053	0.9897
DSVPWM0	6.0000	−9.6483	4.0728
DSVPWM1	6.0000	−9.3673	3.8402
DSVPWM2	6.0000	−9.6483	4.0728
DSVPWM3	6.0000	−9.9292	4.3054

图 6.9(a)为利用式(6.10)及表 6.5 计算得到的五种调制策略在不同调制度下的 HDF 大小，与 CSVPWM 策略相比，DSVPWM0～DSVPWM3 谐波畸变因数有所增加，尤其在 M=0.6 附近，谐波畸变较为明显。然而采用不连续空间矢量调制时，由于逆变器每相开关桥臂仅会在 2/3 基波周期内动作，在开关损耗相同的情况下，DSVPWM0～DSVPWM3 的开关频率可提高 1.5 倍。不同调制策略的 HDF 如图 6.9(b)所示。

由图 6.9(b)可知，与 CSVPWM 相比，DSVPWM0～DSVPWM3 在高调制度时谐波性能更优。而在低调制度时，尽管 DSVPWM0～DSVPWM3 的 HDF 有所增加，在相同的开关损耗下相差并不大，且均优于在满调制度下采用 CSVPWM 的谐波性能[图 6.9(b)中红色实线所示，详见封底彩图二维码]，和变流器所设计的谐波性能要求相比，采用 DSVPWM 策略对变流器调制效果影响并不大。

此外，图 6.10 进一步给出了前述机组无功出力变化仿真工况中，采用不同调制策略的机侧变流器输出电流及其总谐波失真(total harmonic distortion，THD)、IGBT 结温的变化情况。对比图 6.10(a)和图 6.10(b)波形可知，组合分段调制策略

下的变流器输出电流及其 THD 波形与 CSVPWM 策略下基本一致，即在采用本书提出的组合分段 DSVPWM 调制策略抑制 IGBT 结温对变流器所在系统的谐波性能并未造成影响。因此，考虑到 DSVPWM 对变流器损耗及结温的影响，在对变流器可靠性要求较高的风力发电系统中，本书提出的组合分段 DSVPWM 策略具有一定的应用价值。

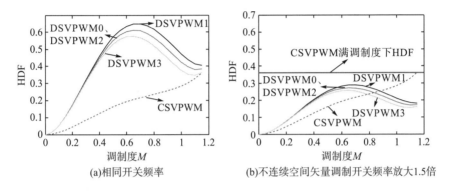

图 6.9　不同调制策略的 HDF 比较

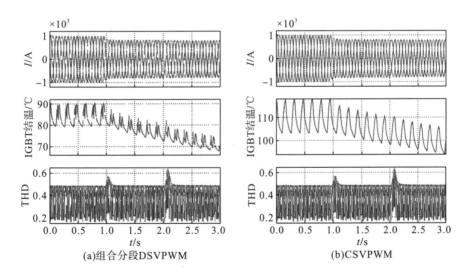

图 6.10　不同调制策略的变流器输出电流、结温及 THD 比较

6.4　本　章　小　结

首先，通过理论分析与实验测试对不同组合分段 DSVPWM 下 IGBT 器件结温变化进行讨论。然后，对双馈风电机组机侧变流器功率因数角在不同运行工况

下的变化范围进行分析,以双馈风电机组机侧变流器功率因数角变化范围为依据,提出抑制 IGBT 结温的分段 DSVPWM 策略。最后,利用搭建的双馈风电机组变流器电热仿真模型,验证本章调制策略的有效性。本章所得结论如下:

(1) 双馈风电机组机侧变流器功率因数角随机组出力的变化而发生改变,可将机侧变流器功率因数角变化范围按照机组定子无功出力与否进行划分。本章以某 2MW 双馈风电机组为例,获取不同定子无功功率下功率因数角的变化范围以及相应的分段 DSVPWM 策略。

(2) 在机组出力变化过程中,分段 DSVPWM 策略可根据机侧变流器功率因数角的变化通过不同 DSVPWM 策略的切换,减少机侧变流器 IGBT 开关损耗,实现对机侧变流器 IGBT 结温及结温波动的有效抑制。

(3) 采用组合分段 DSVPWM 策略得到的定子出力、变流器输出电流的 THD、变流器功率因数角波形与采用 CSVPWM 策略几乎一致。尽管在低调制度下,DSVPWM 谐波性能有所下降,但和变流器所设计的谐波性能要求相比,对变流器调制效果影响并不大,并且在高调制度下 DSVPWM 谐波性能更优。因此,综合各方面看,本章提出的分段 DSVPWM 策略对于提高双馈风电机组机侧变流器的可靠性,具有一定的参考价值。

第 7 章　基于转速优化的双馈风电机侧变流器 IGBT 器件结温波动抑制策略

对于双馈风电变流器而言，因结温波动在 IGBT 器件各层材料间产生的交变热应力将加速其老化失效，特别是过大的结温波动所造成的大幅值交变热应力可对器件造成不可逆转的冲击[95]。从第 2 章所得机侧变流器损耗及结温变化规律可知，对同步转速附近区域低频运行所造成的 IGBT 器件结温大幅值波动，应予以重点关注。因此，减少和抑制变流器在同步运行工况下出现大幅值结温波动，对于提高其运行可靠性十分关键。

目前，对于双馈发电机控制策略的研究已较为成熟，但机组所采用的大多数控制策略，在设计之初都未考虑其本身对变流器及其内部电力电子器件热性能的影响。已有文献仅对不同控制策略下变流器热性能进行了初步分析[75,96,97]，而对于风电变流器所面临的复杂运行工况，机组单一固定的控制策略已难以满足变流器的可靠性需求。为解决双馈风电机组在同步转速附近出现的变流器结温大幅值波动问题，亟待进一步研究并给出必要的控制策略设计方案。因此，本书基于转速控制的低频结温抑制思路，提出采用包含功率、转速双控制外环的改进最大功率点跟踪控制策略；利用搭建的某 2MW 双馈风电变流器电热仿真模型，对同步转速附近变流器的热性能、机组出力变化及发电效率进行分析，并通过开展等效实验，对控制策略的有效性进行验证。

7.1　双馈风电机侧变流器同步转速附近结温抑制策略

7.1.1　机侧变流器 IGBT 器件结温波动抑制原理

由文献[70]可知，对于大部分双馈风电机组而言，机侧变流器 IGBT 结温波动的尖峰出现于转差率 $s \in [-0.05，0.05]$ 区域。在该区域内，机侧变流器运行频率范围为[0Hz，2.5Hz]，过低的运行频率将导致较长的运行周期，延长变流器内部器件结温的持续上升时间，致使结温波动增加。减少变流器运行于该区域的时间，则能避免结温的频繁大幅值波动。

在图 7.1 所示的机组最大功率点跟踪曲线中，假设 B 点为同步运行点，A、C

两点间区域的转差率 $s\in[-0.05，0.05]$。要减少机组运行于该区域的时间：①可将原有 AC 曲线上的点移到该区域之外，即通过修改最大功率点跟踪曲线，减少变流器低频运行范围；②当风速变化机组需要穿越该区域时，应最大程度提升穿越速度，减少机组在该区域的停留时间。要完成以上过程，最为直接的方式是控制 $s\in[-0.05，0.05]$ 内机组的转速，而现有最大功率点跟踪控制以功率的反馈和给定为基础，难以准确控制运行过程中机组转速变化。因此，在现有机侧变流器最大功率点跟踪控制策略基础上，本书采用一种可在 $s\in[-0.05，0.05]$ 内直接对机组转速进行控制的改进控制策略，改进控制策略下风力发电机转速-风速曲线如图 7.2 所示。

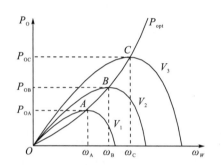
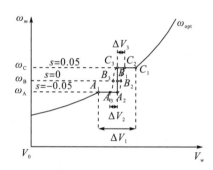

图 7.1　不同风速下风力机机械功率与转速关系　　图 7.2　改进控制策略下风力机转速-风速曲线

　　从图 7.2 可见，在改进控制策略的机组风速-转速曲线（A_1-A_2-B_1-C_3-C_1）中，以 A_1、C_1 两点转速形成两段恒转速运行区（A_1-A_2、C_3-C_1），使原本 $s\in[-0.05，0.05]$ 运行范围内的最大功率跟踪点向 A_1-A_2、C_3-C_1 转移，消除转差率 $s\in[-0.05，0.05]$ 的运行范围。然后，将两恒转速段首尾直接相连，构成一段转速突变区（A_2-C_3），使机组穿越 $s\in[-0.05，0.05]$ 的路径变为垂线，增加机组在同步转速点处的转速变化率。此时，由 DFIG 运动方程可知[87]，转速变化主要受机组转动惯量、转矩阻尼系数及扭转弹性转矩系数的影响，在机组转速发生变化时，风力机转动惯量与机组转速变化率成反比。因此，考虑到机组惯性影响，可用 A_1-A_2-C_2-C_1 曲线近似代表风速升高过程，C_1-C_3-A_3-A_1 曲线代表风速降低过程。实际运行中，$s\in[-0.05，0.05]$ 所对应风速区域将由 ΔV_1 减小为 ΔV_2（或 ΔV_3），同步转速点（B_2、B_3）的斜率得到攀升。而机组在穿越同步转速点时，其转动惯量越小，转速变化率越高，转速突变区域宽度 A_3-A_2（或 C_3-C_2）也就越窄，同时机组低频运行时间越短。

7.1.2　机侧变流器 IGBT 器件结温波动抑制流程

　　目前，在对机组进行最大功率点跟踪控制时，常参考厂商提供的机组功率-转速曲线，通过检测机组转速，采用查表的方式获得给定机组参考功率 P_s^*。为了实现对机组在 $s\in[-0.05，0.05]$ 内转速的快速准确控制，本书在现有机侧变流器功率控制外环基础上，增加一条转速控制外环支路，通过控制外环间切换的方式，控制该区域内机组的转速。由于风速难以准确获取，不宜采用以风速作为参考的转速控制方案。从图 7.1 可知，在风速一定时，机组出力与转速存在对应关系。因此，当机组转速变化时，可以机组定子功率为参考，通过比较机组当前定子有功出力与同步转速点定子有功出力 P_{sB} 的大小，实现本书控制策略。由此，本书建立了基于功率、转速双控制外环的机侧变流器外环控制流程(图 7.3)，具体步骤如下。

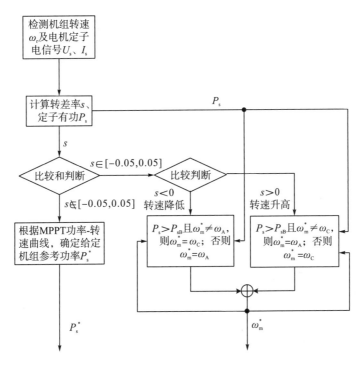

图 7.3　改进控制策略下机侧变流器外环控制参考信号获取方法

(1)监测机组当前转速、定子电信号，计算当前机组转差率 s、定子有功功率 P_s。

(2)判断转差率 s 所属范围，当 $s\in[-0.05，0.05]$，进入转速控制外环。否则，进入功率控制外环。

(3)在转速控制外环内，判断机组处于超同步或次同步运行状态及定子出力 P_s，给定转速 ω_m^* 大小。

(4)在功率控制外环内，基于机组当前转速，通过查表的方式获取给定机组参考功率 P_s^*。

基于以上控制思路，得到改进后的机侧变流器控制框图如图 7.4 所示。

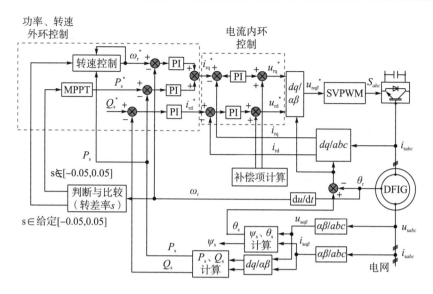

图 7.4　改进控制策略下机侧变流器控制框图

7.2　机侧变流器 IGBT 器件结温波动抑制效果比较

7.2.1　同步转速附近区域动态结温仿真

为了体现改进控制策略对机侧变流器 IGBT 结温波动的抑制效果，本节对机组在次同步和超同步转速间动态往返变化的变流器电热性能进行仿真。同时，也对同步转速附近区域采用不同控制策略的稳态结温进行了比较。

首先，设定初始风速为 10m/s（ω_m=146.9rad/s、s≈−0.064），在 10s 仿真时间内风速上升到 11.4m/s（ω_m=169.4rad/s、s≈0.079），机组由次同步状态过渡到超同步状态（同步风速约为 10.6m/s）。在该仿真环境下，对机侧变流器分别采用本书提出的改进控制策略和 MPPT 控制策略，得到如图 7.5 所示的机侧变流器 IGBT 电热性能仿真结果。

对比图 7.5(a)波形可知：①当机组由次同步过渡到超同步状态，采用改进控制策略时，同步转速附近的 IGBT 和 FWD 最大结温波动分别为 17.6℃和 19.4℃，与采用 MPPT 控制策略的 29.5℃和 24℃相比，分别降低了 40.3%和 19.2%。②与传统控制相比，改进控制策略下的 IGBT 器件开关损耗得到抑制，损耗幅值和开关时间分别下降约 55.2%和 69.9%。③在改进转速控制策略下，同步转速附近的转速变化率较传统控制得到增加，机组通过 s∈[−0.05，0.05]区域的时间从 6.2s下降为 2.9s，穿越时间缩短了 53.2%。

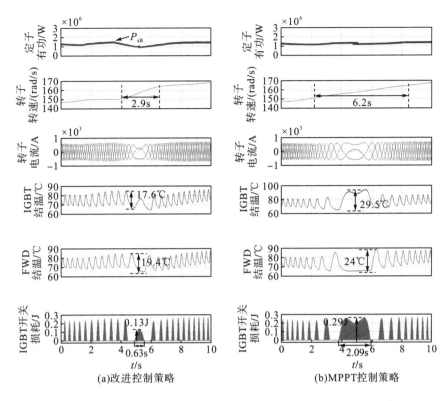

图 7.5　次同步到超同步工况下采用不同控制策略的机侧变流器结温变化

设定初始风速为 11.2m/s（ω_m=165.1rad/s、$s\approx-0.052$），在 10s 仿真时间内风速下降到 10m/s（ω_m=146.9rad/s、$s\approx0.064$），使机组由超同步向次同步过渡。同样，对机侧变流器分别采用本书提出的改进控制策略和传统 MPPT 控制策略，仿真结果如图 7.6 所示。

对比图 7.6(a)、图 7.6(b) 波形可知：①当机组由超同步过渡到次同步状态，与采用 MPPT 控制策略比较，采用改进转速控制策略时，同步转速点附近区域的 IGBT 和 FWD 的最大结温波动分别降低了 26.5% 和 3.3%。②与传统控制相比，改进控制策略下的 IGBT 器件开关损耗得到抑制，损耗幅值和开关时间分别下降约 14.3% 和 50.7%。同时，机组通过 $s\in[-0.05,0.05]$ 区域的时间从 6.5s 下降为 2.3s，穿越时间缩短了 64.6%。③在改进控制策略下，机组分别在超同步和次同步运行状态出现了高、低两段恒转速区域，且当定子有功出力降至 P_{sB} 时，转速开始从高恒速段向低恒速段下降，该过程与图 7.1 中 C_1-C_3-A_3-A_1 段曲线相一致。

因此，当机组动态穿越同步转速点时，采用改进控制策略可使 $s\in[-0.05,0.05]$ 区域内转速得到合理控制，通过缩短变流器的低频运行时间，抑制 IGBT 器件结温的波动。

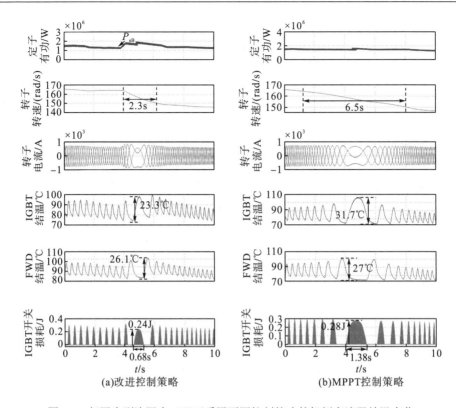

图 7.6　超同步到次同步工况下采用不同控制策略的机侧变流器结温变化

7.2.2　全风速范围下稳态结温波动分析

为了进一步获得改进控制策略对机侧变流器结温波动的抑制效果，本小节在不同风速点对 IGBT 稳态结温进行仿真分析。设定初始风速为 9m/s，并以 0.1m/s 间隔递增风速，在每个风速点对系统进行一次稳态仿真，直至风速达到 12m/s。在该仿真环境下，分别采用本书提出的改进控制策略和传统 MPPT 控制策略，得到不同稳态风速下机侧变流器 IGBT 结温波动情况，如图 7.7 所示。

图 7.7 中 ΔT_{j1} 和 ΔT_{j2} 分别为传统 MPPT 控制策略和改进控制策略下的机侧变流器在一个运行周期内 IGBT 结温波动幅值。从图 7.7 结温波动结果可知：①在 $s\in$ [−0.05, 0.05]所对应风速段内，MPPT 控制策略下的 IGBT 结温波动出现"尖峰"，波动范围为(13℃，33℃)，其中以 $s\in$[−0.025，0.025]的波形变化最为显著；②采用改进控制策略时，$s\in$[−0.05, 0.05]所对应的 IGBT 结温波动较为平缓，波动幅值为(14℃，17℃)。与传统 MPPT 控制相比，IGBT 结温波动幅值最高下降达 48.5%。因此，在稳态风速下，改进控制策略能有效抑制同步转速附近区域的机侧变流器 IGBT 结温波动。

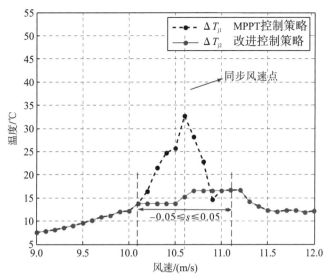

图 7.7　不同控制策略下机侧变流器 IGBT 稳态结温波动

7.2.3　等效实验分析

为了进一步验证机组转速控制策略对 IGBT 器件结温抑制效果，本书将转速信号转换成相应的变流器输出频率信号，利用搭建的结温测试平台，开展变流器不同输出频率下的结温比较等效实验，间接验证本书所提控制策略的有效性。采用红外热成像方法测量 IGBT 结温，变流器通过开环控制进行运行频率的调节，由 DSP 产生控制信号，调制方式为 SVPWM。三相可调电压源经过整流桥、直流电容后，为 IGBT 器件提供直流侧输入。RL 串联作为电路负载。变流器采用某公司提供的型号为 GD50FFL120C5SP 未塑封器件。平台参数如表 7.1 所示。

图 7.8 给出了机组在同步转速附近相应的输出频率控制下 IGBT 结温波动效果，包括传统 MPPT 控制策略和改进控制策略下机组转速变化所对应的变流器输出频率以及相应的结温波动。

表 7.1　实验平台参数

参数或设备	值或型号	参数或设备	值或型号
直流电压 V_{DC}/V	48	IGBT 器件	1200V/50A
直流稳压电容 C_1/μF	3300	红外采样频率/Hz	400
开关频率 f_s/Hz	10000	红外成像仪	FLIR_SC7000
负载电阻 R_1/Ω	2	可调电压源	Chroma_61845
负载电感 L/mH	1	驱动器件	TX-DA9620D6
卸荷电阻 R_2/Ω	1020	控制器	TIDSP28335
吸收电容 C_2/μF	0.22		

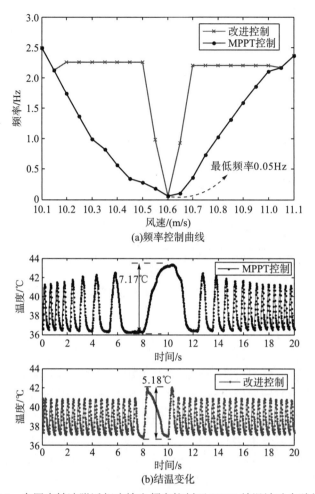

图 7.8　　在同步转速附近相应输出频率控制下 IGBT 结温波动实验结果

　　由图 7.8(b) 可知，相比传统 MPPT 控制策略，改进控制策略下机组按照相应的输出频率工作，结温波动范围和幅值均有降低，其中最大结温波动幅值下降约 27.8%，IGBT 结温变化规律与图 7.5 和图 7.6 仿真结果趋势相同，间接证明了前述仿真模型以及本书所提改进策略在结温波动抑制方面的有效性。

7.3　不同控制策略下的机组效率分析

7.3.1　稳态风速下定子出力分析

　　改进控制策略在 $s \in [-0.05，0.05]$ 运行区域，切换了机组控制方式，同时偏离了机组最大功率点跟踪控制曲线，这势必会对机组出力带来影响。为了得到机组运行于 $s \in [-0.05, 0.05]$ 区域的定子出力及机组效率的损失，本小节对机组在该区域的定子有功出力和机组在一年的功率捕获情况进行了分析。

同样，设定初始风速为 9m/s，并以 0.1m/s 间隔递增风速，在每个风速点对系统进行一次稳态风速的仿真，直至风速达到 12m/s。在该仿真环境下，分别采用本书提出的改进控制策略和传统 MPPT 控制策略，得到了不同稳态风速下双馈风电机定子有功出力情况，如图 7.9 所示。从图 7.9 可知，与传统 MPPT 控制策略相比，改进控制策略对机组定子有功出力影响不大，在 $s \in [-0.05, 0.05]$ 内，定子有功出力降幅在 [0, 3.6%] 内，即在稳态风速下改进控制策略并未对机组出力造成过大影响。

7.3.2　改进控制策略下的机组效率分析

为了获得改进控制策略下的机组效率损失情况，以某双馈风电场一年风速分布为基础，计算了不同控制策略下机组在一年内的出力情况。该风场风速采集间隔为 10min，剔除零风速点及不良数据，得到如图 7.10 所示的风场风速数据分布情况。

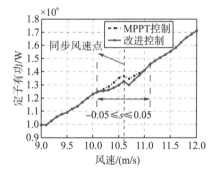
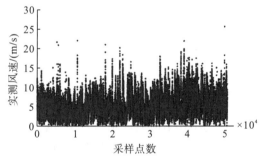

图 7.9　不同控制策略下机侧变流器　　　　图 7.10　某风场一年实测风速数据统计
IGBT 定子有功出力

图 7.11 为变速恒频风力发电系统控制运行区域，其中，v_{cut_in}、v_{cut_out} 分别代表机组切入和切出风速；v_{sys} 代表发电机运行于同步转速点所对应的同步运行风速；v_{con}、v_{rated} 则分别代表机组切入恒转速区对应风速以及额定运行风速。利用图 7.10 中的风速数据，剔除小于机组切入风速、大于切出风速数据点，利用机组最大功率点跟踪曲线(图 7.12)，采用查表的方式得到不同风速点 V_i 对应的机组输出功率 P_i。两种控制策略下机组输出功率如图 7.13 所示。

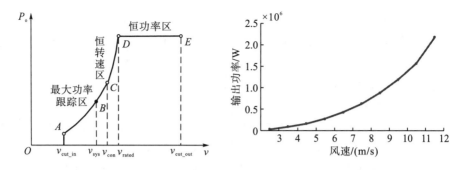

图 7.11　不同运行区域内风力机输出功率与风速关系　图 7.12　机组最大功率点跟踪曲线

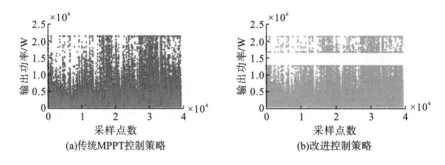

(a)传统MPPT控制策略　　　　　　　　(b)改进控制策略

图 7.13　不同控制策略下双馈风力发电机一年的输出功率

根据图 7.13 所得的两种控制策略下机组一年输出功率分布，机组发电量计算表达式如下：

$$W = \sum_{i=1}^{n} P_i \cdot t \tag{7.1}$$

式中，P_i 为每个风速点对应机组输出功率值；t 为每个风速点采用时间。将每个风速点对应功率输出值乘以风速采样间隔并进行累加，得到 MPPT 控制策略和改进控制策略下机组在一年的总发电量如图 7.14 所示。

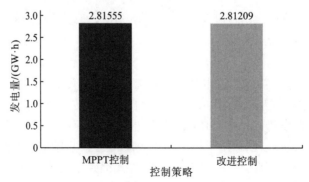

图 7.14　不同控制策略下双馈风力发电机一年的总发电量

由图 7.14 可知，改进控制策略和传统 MPPT 控制策略下机组一年的总发电量分别为 2.81209GW·h、2.81555GW·h。对于该风场机组而言，采用改进控制策略所造成的机组效率损耗为 MPPT 控制策略下的 0.123%，机组出力并未受到很大影响。

7.4　本 章 小 结

本章从减少机组低频运行范围和提升同步转速附近区域穿越速度的思路出发，提出一种基于功率、转速双外环控制的改进控制策略，并在不同运行工况下，对采用改进控制策略和传统 MPPT 控制策略的变流器电热性能进行仿真比较。通过仿真分析表明，采用本书提出的控制策略，能在机组动态往返穿越同步转速附近区域时，通过控制外环的切换有效控制机组的转速变化，缩短机组穿越同步转速附近区域时间，抑制机侧变流器内部器件的结温波动。同时，当机组在同步转速附近区域稳定运行，采用改进控制策略消除了机侧变流器 IGBT 结温波动在同步转速点附近的"尖峰"，使稳态风速下双馈风电机侧变流器在同步转速附近的结温波动得到抑制，且不会对机组出力带来过大影响。

第8章 兼顾变流器 IGBT 器件热应力调控的
风电场分布式无功-电压协调控制策略

前面章节从单机控制策略层面给出了变流器热载荷的控制方法，而在实际风电场控制系统中机组接受中央处理器的集中调度，中央处理器根据机组状态进行有功、无功的分配。在风速、机组位置及线路影响下，风电场并网点及机组端电压频繁出现电压越线问题，充分利用机组变流器本身的无功能力实现就地补偿具有经济优势，但风电场内机组之间电气距离不同、运行状态不一，同时，机组无功输出与系统节点电压、机组变流器结温及系统损耗等指标相互耦合，导致风电场无功-电压控制呈现出多变量、多指标和多约束的特点。所以，保证在满足多个指标和约束条件情况下，综合考虑机组运行状态和多项考核指标是实现多机无功-电压协调控制的关键。

已有学者基于最优潮流理论思路，建立考虑电压偏差优化的风电场多机无功-电压协调控制模型，并采用智能算法实现机组运行状态到无功动作的映射，可以有效降低风电场电压偏差。但是，传统方法仅以公共连接点(point of common coupling，PCC)或者并网点、机组电压或系统损耗为优化目标，未考虑到输出无功功率对机组变流器功率器件结温的影响，导致部分机组功率器件长期处于高电热载荷的工作状态下，影响变流器运行寿命。此外，传统的集中式无功-电压控制方法，需要将整个风场信息采集至中央处理器进行统一求解，通信延迟及求解耗时导致模型时效性差，难以满足风电场实时无功-电压控制的需求。

为此，本章从场群角度探讨，同时考虑变流器热载荷和系统电压偏差，进一步分析和研究风电场的场群无功-电压协调控制策略。首先，分析不同无功输出对系统电压、损耗及变流器功率器件结温的影响规律，根据机组输出无功对 PCC 电压的贡献程度，将风电场划分为多个子运行区域；然后，综合考虑系统电压、损耗和变流器结温，建立考虑多指标协调优化的无功-电压协调控制策略，并将控制策略转换为马尔可夫博弈过程的多智能体深度强化学习模型，在模型训练完成、分布部署之后，各个智能体根据当前机组运行状态实时映射电压控制策略。

8.1 基于电压灵敏度与 K-均值聚类的风电场分群

常规的风电场无功-电压潮流优化思路，需要将整个风电场中所有能采集到的机组电压或输出功率信息全部汇集至中央处理器，然后综合所有机组状态下发机组无功指令，实现电压偏差控制或者电压指令跟踪控制。这种集中式控制模式虽然能够掌握全局的信息，协助中央处理器做出最优的无功动作指令，但是随着风电场台数增多，收集的机组运行状态信息呈倍数增加，信息收集及上传过程所造成的通信延时不可避免；同时，无功-电压控制受到多变量、多边界条件约束，中央处理器的求解负荷大，实时性有待进一步提升。为此学者提出以分布式控制架构的思路，将风电场群划分为若干个单元，每个子单元配备有本地处理器，解决通信延迟和求解规模过大导致的时效问题，其结构如图 8.1 所示。

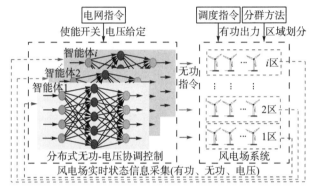

图 8.1　风电场分布式无功-电压协调控制示意图

对风电场进行分群是应用分布式控制架构的基础，风电场运营厂商一般期望将 PCC 和机组端电压与额定电压偏差控制在一定范围内，同时需要具备 PCC 电压指令跟踪能力，因此按照机组无功输出对 PCC 电压的贡献能力，对风电场进行分群。基于灵敏度线性化思路，风电场的节点电压可以由下式表示：

$$
\begin{bmatrix} \Delta U_1 \\ \vdots \\ \Delta U_n \end{bmatrix} = \begin{bmatrix} \dfrac{\partial U_1}{\partial Q_1} & \cdots & \dfrac{\partial U_1}{\partial Q_n} \\ \vdots & & \vdots \\ \dfrac{\partial U_n}{\partial Q_1} & \cdots & \dfrac{\partial U_n}{\partial Q_n} \end{bmatrix} \begin{bmatrix} \Delta Q_1 \\ \vdots \\ \Delta Q_n \end{bmatrix} + \begin{bmatrix} \dfrac{\partial U_1}{\partial P_1} & \cdots & \dfrac{\partial U_1}{\partial P_n} \\ \vdots & & \vdots \\ \dfrac{\partial U_n}{\partial P_1} & \cdots & \dfrac{\partial U_n}{\partial P_n} \end{bmatrix} \begin{bmatrix} \Delta P_1 \\ \vdots \\ \Delta P_n \end{bmatrix} \tag{8.1}
$$

式 (8.1) 可以解释为功率增量（ΔP_i 和 ΔQ_i）引起的电压增量 ΔU_i，其中 $\partial U_i/\partial Q_i$ 和 $\partial U_i/\partial P_i$ 分别表示无功-电压灵敏度和有功-电压灵敏度。

当机组输出有功保持不变时（即 $\Delta P_i=0$），$\partial U_i/\partial Q_i$ 代表了机组无功输出对节点电压的贡献程度，$\partial U_i/\partial Q_i$ 可以通过对第 3 章的潮流数据进行相关性分析或直接对潮流雅克比矩阵求逆获取。为便于分析，本章采用雅克比矩阵求逆的方式表征无功输出对节点电压的贡献程度。

图 8.2 为机组无功输出对 PCC 电压贡献能力对比。由于机组间距较近，同一条馈线上的机组无功输出对 PCC 电压的支撑能力亦较为相近；不同馈线上的机组

会随着馈线距离增长，对 PCC 电压愈加灵敏。

基于上述灵敏度指标，书中采用 K-均值聚类方法对风电场进行分群。由于同一条馈线上的机组灵敏度较为相近，为简化分析，提取每条馈线上的第一台机组的无功-电压灵敏度，构成 16×1 维的数据样本，然后按照样本之间的相似度将其聚为 K 簇，样本的相似度采用欧式距离表征，计算如下：

$$\text{dist}_{\text{ed}}(X_1, X_2) = \left\| X_1 - X_2 \right\|^2 \tag{8.2}$$

式中，X_1 和 X_2 分别表示两个样本的位置；$\| \ \|^2$ 为欧式距离计算函数。

K-均值聚类的核心思想是优化每个簇内样本之间的欧式距离，以样本与簇中心的相对位置（误差平方和 $\text{SSE}_{\text{k-m}}$）作为优化目标，表示如下：

$$\text{SSE}_{\text{k-m}} = \sum_{i=1}^{K} \sum_{X \in C_i} \left(C_i - X \right)^2 \tag{8.3}$$

式中，i 为第 i 个簇的编号；C_i 为第 i 个聚类中心；K 为指定的簇数。

综上，基于电压灵敏度与 K-均值聚类的风电场分群方法，仅需输入每条馈线上的电压灵敏度数据以及聚类簇数 K，然后通过迭代使式(8.3)最小便可得到最终的划分结果。

为确定最优的风电场分群个数，通过设置不同簇的个数 K 并采用轮廓系数 (silhouette coefficient)衡量聚类的性能指标，轮廓系数的取值范围在−1 到 1 之间，其值越接近 1 时，表明每个数据样本都被分配到了与其距离最近的簇中，即聚类效果更佳。图 8.3 所示为 $K=2：1：6$ 的聚类轮廓系数，可见当 $K=2$ 时，轮廓系数最大，为 0.911；其次是 $K=4$ 时，轮廓系数为 0.874，优于 K 为 3、5 和 6 的情况。虽然 $K=2$ 时的轮廓系数大于 $K=4$ 时，但为充分发挥分布式控制的优点，本书选取 $K=4$ 的情况对风电场进行分群，其分群结果如表 8.1 所示。

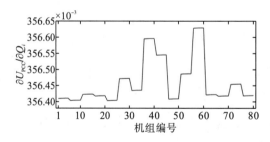 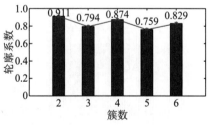

图 8.2　机组无功输出对 PCC 电压贡献能力对比　　图 8.3　风电场不同簇的聚类轮廓系数

表 8.1　风电场子智能体分群结果

分群编号	分群结果	分群编号	分群结果
子智能体 1	馈线 1，2，5，10	子智能体 3	馈线 6，7，15
子智能体 2	馈线 3，4，13，14，16	子智能体 4	馈线 8，9，11，12

8.2　海上风电场无功-电压协调控制模型

8.2.1　无功控制对系统关键参量的影响分析

高速永磁风电机组依靠网侧变流器向电网注入无功功率，无功功率注入直接影响到风电场内的电压潮流分布、系统损耗及变流器的电热应力。

图 8.4 所示为设置风速为 3～15m/s(机组输出功率为 $k \cdot v_{\text{wind}}^3$，达到额定风速 10.5m/s 时，机组输出功率保持不变)，机组无功输出为-0.5～0.5 MVar 时系统有功损耗变化趋势，可见随着有功输出增加，系统损耗逐步从 0 增加至 6.04MW；随着无功输出从 $-Q$ 方向朝着 $+Q$ 方向增加，系统损失呈现降低趋势。

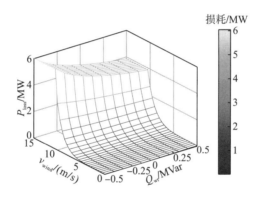

图 8.4　不同输出功率下系统损耗分布

本章中机组的单机容量为 5MW，每台机组采用两台 2.5MW 变流器并联的方式接入电网，变流器功率器件选型为 FZ3600R17HP4_B2(英飞凌)，热阻等参数可参考该器件的数据手册，结温模型参照 2.2 节中的计算方法。

图 8.5 中给出了不同输出功率下的功率器件结温变化趋势，设置风速从 3m/s 上升到 15m/s(机组输出功率为 $k \cdot v_{\text{wind}}^3$，达到额定风速 10.5m/s 时，机组输出功率保持不变)，无功功率从-1MVar 增长至 1MVar。可见功率器件中，IGBT 和 FWD 的平均结温随着有功输出增加从 25℃分别上升至 136.5℃和 115.1℃，随着无功输出增加器件平均结温也呈现上升变化趋势，尤其是在低风速下无功输出对功率器件平均结温的影响更加显著，平均结温最大上升 30℃，而在低风速下机组的输出无功调节范围更广。

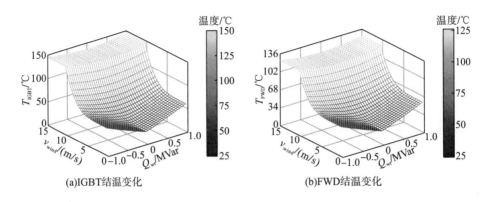

图 8.5　不同输出功率下功率器件结温分布

8.2.2　考虑多参量的无功-电压协调控制模型

风电场无功-电压协调控制策略描述如下：优化变量为机组的无功功率给定值，考核指标为电压偏差、系统损耗以及变流器功率器件结温，同时需要满足变流器电流上限、剩余无功容量等约束条件的多变量、多约束优化模型。其数学表达如下所示。

1) 无功-电压协调控制策略函数

$$\mathrm{Obj}_{\mathrm{V}} = \min_{Q_{i,\mathrm{ref}}}\left[\lambda_1 \cdot \mathrm{mean}\left(\sum_{i=1}^{82}\left(U_i - U_{i,\mathrm{ref}}\right)^2\right) + \lambda_2 \cdot \Delta P_{\mathrm{loss}}^2 + \lambda_3 \cdot \mathrm{mean}\left(\sum_{i=1}^{80}\left(\Delta T_{i,\mathrm{jm,T/D}}\right)^2\right)\right] \quad (8.4)$$

式中，U_i 和 $U_{i,\mathrm{ref}}$ 分别为风电场内节点的实际电压和给定电压，电压的取值均为标幺值；计算符 $\mathrm{mean}(\ )$ 为取平均值函数；ΔP_{loss} 和 $\Delta T_{i,\mathrm{jm,T/D}}$ 分别表示在使能电压控制前后的系统损耗和功率器件结温增量，上述指标均取其标幺值；$\lambda_1 \sim \lambda_3$ 为不同指标的占比系数，本书中取 $\lambda_1 + \lambda_2 + \lambda_3 = 1$，其中 $\lambda_1 = \lambda_3 = 0.35$，即优先电压偏差和结温指标。式 (8.4) 策略函数的制定，旨在引导场内所有机组通过无功调节控制来降低电压跟踪偏差，同时降低对有功损耗和变流器功率器件结温的影响。

2) 约束条件

策略函数满足潮流约束的同时[式(8.1)]，还受到节点电压、输出无功范围和变流器电流的约束，如下所示：

$$V_k^{\min} \leqslant V_k \leqslant V_k^{\max} \quad \forall k \in N \quad (8.5)$$

$$Q_i^{\min} \leqslant Q_i \leqslant Q_i^{\max} \quad \forall i \in n \quad (8.6)$$

$$I_i \leqslant I_i^{\max} \quad \forall i \in n \quad (8.7)$$

式(8.5)~式(8.7)中 $V_k^{\min}$ 和 $V_k^{\max}$ 分别为第 k 个节点电压下限和上限值,本书分别取 0.9p.u.和 1.1p.u.;N 为风电场所有节点总数,n 为机组台数;$Q_i^{\min}$ 和 $Q_i^{\max}$ 分别为第 i 台风电机组输出无功下限和上限范围,由机组容量和当前输出有功电流决定;$I_i^{\max}$ 为第 i 台风电机组变流器电流上限(一般所有机组采用相同的变流器,其电流上限约束相同)。

8.3　基于多智能体 DDPG 的无功-电压协调控制模型映射

8.3.1　多智能体马尔可夫决策过程

为提升无功电压控制模型的优化精度和在线响应速度,采用强化学习的思路将风电场环境描述为一个多智能体马尔可夫决策过程,风电场环境由多个小的子区域组成,即风电场的每个子区域都被建模为一个自适应智能体,每个子智能体只根据该子区域所能观测到的局部环境状态信息做出决策动作。多智能体马尔可夫博弈的关键组成部分包括:

状态集 S:状态集 S_t 包含所有子智能体在 t 时刻的状态集合。对于子智能体 m,其在 t 时刻的状态 $S_{m,t}$ 为该子区域的所有状态观测集合,书中选取风电场内机组输出有功、无功、节点电压及系统损耗作为状态集,即 $S_t=[P_{i,t},\ Q_{i,t},\ V_{k,t},\ P_{\text{loss},t},\ L_{g,t}]$,其中,$L_g$ 为电网阻抗,V 为节点电压,k 为节点编号,t 为时间。

动作集 A:动作集 A_t 包含所有智能体在 t 时刻的动作集合。对于智能体 m,其在 t 时刻的动作 $a_{m,t}$ 为该子区域中机组的无功指令集合,即 $A_t=[Q_{i,t}]$。

奖励函数 R:$r_{m,t}\in R_t$ 是子智能体 m 在 t 时刻执行动作 $a_{m,t}$ 后获得的奖励,即对策略函数式(8.4)取负值,同时将式约束条件以惩罚机制叠加入奖励函数,即

$$r_{m,t}=\begin{cases}-\text{Obj}_V & \text{若式(8.5)} \sim \text{式(8.7) 为真}\\ \rho & \text{否则}\end{cases} \tag{8.8}$$

式中,ρ 为惩罚因子,取值为远大于 Obj_V 的数值,书中取为-5。

每个子智能体具备自己的策略函数 $\pi_m(s_{m,t})$,用于映射状态 $s_{m,t}\in S$ 和动作 $a_{m,t}\in A$ 的关系,当环境执行每个子智能体的动作之后进入到下一状态 s_{t+1}(记为 $s_{t+1}=p(s_t|a_t)$),智能体获得当前动作奖励 $r_{m,t}(s_{m,t},\ a_{m,t})$。所有的子智能体都会被训练成一个可以根据子网络状态 $s_{m,t}$ 做出可以最大限度获取回报的动作 $a_{m,t}$,即

$$\max_{\pi_m}=\mathop{E}_{\substack{a_{m,t}=\pi_m(s_{m,t})\\ s_{t+1}=p(s_t|a_t)}}\left(\sum_{t=0}^{T}\gamma^t r_{m,t}\right) \tag{8.9}$$

8.3.2 多智能体深度确定性策略梯度算法

风电场无功-电压协调控制为连续状态空间优化问题，采用由演员-评论家 (actor-critic) 网络构成的多智能体深度确定性策略梯度 (multi agent deep deterministic policy gradient，MADDPG) 求解上述马尔可夫决策过程。与第 3 章有所区别的是，本章中对风电场进行了分群处理，因此每个风电场子区域都需要被建模为一个子智能体。每个子智能体有独立的 actor-critic 网络，子智能体的 actor 网络为策略函数实现状态 $s_{m,t}$ 到动作 $a_{m,t}$ 的映射，critic 网络为价值函数，对 actor 做出动作 $a_{m,t}$ 后的全局信息 (S_t, A_t) 进行"状态-动作"评估，即每个子智能体的 critic 网络可以收集到所有子智能体的 actor 数据，优化目标是使每个 critic 网络对全局的贡献最大化。智能体之间的协调控制策略是通过集中训练框架实现，其中每个子智能体的 actor 网络和 critic 网络参数在训练中不断更新，直至 critic 网络能够对每一步动作提供更好的评价，且 actor 网络可以做出最大化奖励的动作指令。

1. 子智能体 actor-critic 网络更新规则

每个子智能体拥有独立的 actor 网络作为策略函数，记为 $\pi_m(s_{m,t}|\theta_{m,\pi})$，其中 $\theta_{m,\pi}$ 表示第 m 个智能体的 actor 网络参数，策略函数的优化是通过梯度下降方向调整参数 θ_m，旨在引导子智能体 m 在状态 $s_{m,t}$ 时做出动作的响应 $a_{m,t}=\pi_m(s_{m,t}|\theta_{m,\pi})$，能够使 critic 网络输出 $Q_m(\cdot)$ 最大化，如下式所示：

$$\nabla_{\theta_{m,\pi}} J\left(\theta_{m,\pi}\right) = \mathop{E}_{S_t, A_t \sim D}\left[\nabla_{a_{m,t}} Q_m(\cdot)\nabla_{\theta_{m,\pi}} a_{m,t}\Big|_{a_{m,t}=\pi_m(s_{m,t}|\theta_{m,\pi})}\right] \tag{8.10}$$

式中，D 为经验缓冲区，$Q_m(\cdot)$ 为集中价值函数（$Q_m(\cdot)$ 为 $Q_m(S_t, a_{1,t}, ..., a_{M,t})$ 的简写形式，后文与之相同），可见子智能体的价值函数不仅考虑了自身的情况，同时考虑了其他智能体的行为来评估该子智能体当前动作的价值，即价值函数是基于全局信息获取得到。

图 8.6 所示为假设存在两个子智能体时的 actor-critic 交互示意图。从图中可知，虽然 actor 仅针对所观测到的局部信息做出动作指令，但是 critic 能够观测到全局的状态和动作信息，并指导对应的 actor 优化，进一步提升 actor 的准确性。

critic 网络为价值函数（记为 $Q(\cdot|\theta_{m,Q})$），通过最小化损失函数 $L(\cdot)$ 优化 DNN 网络参数 $\theta_{m,Q}$，旨在最小化 critic 网络输出 $Q(\cdot)$ 与目标 $y_{m,t}$ 之间的"距离"：

$$L\left(\theta_{m,Q}\right) = \mathop{E}_{s_t \sim D}\left[\left(Q_m\left(\cdot|\theta_{m,Q}\right) - y_{m,t}\right)^2\right] \tag{8.11}$$

$$y_{m,t} = r_{m,t} + \gamma Q_m(\cdot)\big|_{a_{m,t+1}=\pi_m(s_{m,t+1}|\theta_{m,\pi})} \tag{8.12}$$

与第 3 章集中式 DDPG 类似，MADDPG 算法同样构建两套独立的 actor-critic 网络，分别为在线（online）网络和目标（target）网络，其结构相同但参数不同（分别为 $\theta_{m,\pi'}$ 和 $\theta_{m,Q'}$）。训练完成之后，每个子智能体仅保留 actor 网络，如图 8.6 中的粉色线条部分所示（见封底彩图二维码），即 MADDPG 是通过"集中训练、分布部署"的方式实现分布式控制策略的映射。

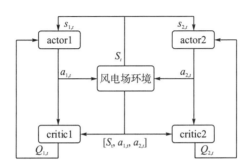

图 8.6　多智能体 actor-critic 交互示意图

2. 集中训练与分布部署

MADDPG 算法的训练流程包括以下几个部分：

（1）系统初始化：初始化风电机组有功出力数据；初始化 actor-critic 网络参数；初始化每个智能体的经验池 D_m 和动作随机噪声。

（2）经验生成：每个智能体根据自身状态 $s_{m,t}$ 做出无功动作指令 $a_{m,t}$，环境执行动作之后所有智能体进入下一状态 $s_{m,t+1}$，并获得奖励 $r_{m,t}$。

（3）经验回收：每个子智能体具备自己的经验池 D_m，对上一步智能体与环境交互的经验以（S_t，A_t，R_t，S_{t+1}）存储至经验缓冲区 D_m。

（4）策略更新：每个智能体从经验池 D_m 中随机筛选小批量数据，利用梯度下降策略更新 actor-critic 网络参数。

（5）训练完成：随着智能体与环境不断交互，每个子智能体动作稳定，且奖励趋于平稳，则认为智能体已经可以实现无功-电压协调控制策略的映射，模型训练结束可以进入在线部署阶段，具体的训练流程如表 8.2 所示。

（6）在线部署：模型训练完成之后，所有网络的参数固定，且仅保留每个子智能体的 actor 网络，在线部署 actor 网络之后，每个子智能体仅根据自身区域内的机组状态信息，做出无功动作指令。

表 8.2　基于 MADDPG 的强化学习集中训练流程

算法：MADDPG 训练流程

输入： 风电场环境状态参数包括有功、无功、电压、损耗、结温、奖励
输出： actor-critical 网络参数 θ
1. 初始化所有智能体 online/target actor 和 critic 网络参数 ($\theta_{m,\pi}$, $\theta_{m,Q}$, $\theta_{m,\pi'}$, $\theta_{m,Q'}$)；初始化经验池 D_m；初始化动作随机噪声
2. **for** episode = 1,2,$\cdots$,E
　　每一个智能体获取初始状态观测信息 $s_{m,t}$
　　for t = 1,2,$\cdots$,T
3. 　　每个子智能体根据状态输出动作信息 $a_{m,t}$
　　　执行所有子智能体动作 A_t，获取环境状态观测信息 $s_{m,t+1}$
　　　并计算奖励 R_t
4. 　　将数据以 (S_t, A_t, R_t, S_{t+1}) 形式存储至经验池 D_m
　　　for agent = 1,2,$\cdots$,M
5. 　　从经验池随机采样小批量数据
6. 　　更新 actor 和 critic 网络参数
7. 　　更新 target actor 和 critic 网络参数
　　　end for
　　end for
　end for

8.4　算　例　分　析

8.4.1　无功-电压协调控制策略模型训练结果

训练过程中智能体获取的奖励曲线如图 8.7 所示。在训练初期智能体获取奖励较低，并且智能体的试错机制导致其多次做出违反约束的动作而受到惩罚(惩罚奖励=-5)；随着训练周期增长，迭代 4500 次左右智能体获取奖励开始逐渐上升，当达到 26000 个交互周期后智能体获取奖励逐步平稳且不发生较大变化，模型训练收敛。

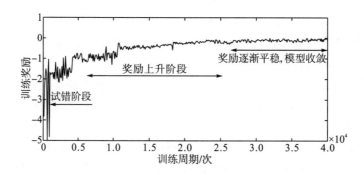

图 8.7　无功-电压协调控制策略模型训练奖励曲线

8.4.2　无功-电压协调控制策略效果分析

分静态和动态两部分对无功-电压协调控制策略进行验证，其中静态测试通过设置不同机组输出有功功率变化，通过对比本节和传统电压控制策略对关键指标参量的控制效果，验证其有效性；动态测试进一步考虑不同外部电网阻抗变化、通信延时及求解耗时等问题对控制效果进行验证。

1. 静态验证

通过设置电网阻抗 L_g=0.11H，PCC 及机组端电压给定值为其额定值 1p.u.，且风电场内部机组风速发生大范围变化的情况下，分析不同无功-电压协调控制策略对电压、损耗及功率器件结温指标的影响及改善效果，对比方法如下：

(1)无控制，所有机组输出无功功率为 0。

(2)传统仅考虑电压偏差和系统损耗的无功-电压控制模型，采用粒子群算法进行求解，并忽略粒子群算法的求解耗时。

(3)本书所提方法，通过输入机组状态至每个子智能体的 actor 网络后输出无功动作指令。

设置场内 80 台机组的有功出力如图 8.8 所示，在不外加无功-电压协调控制策略下，机组的端电压分布如图 8.9 所示，可见在初始情况下机组有功出力较小，机组端电压最大达到 1.0423p.u.，高于额定值 1p.u.，有较大的越电压上限风险；随着有功功率输出波动，机组端电压同样出现大幅度的波动，当机组输出功率较大时，端电压持续下降，最小达到 0.9839p.u.，机组端电压幅值波动幅度最大达到 0.0584p.u.，可见，不使用无功-电压协调控制策略时，风电场的静态电压稳定性较差。

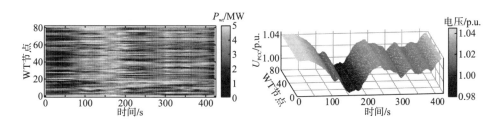

图 8.8　风电场内机组有功出力曲线　　　图 8.9　无外加无功-电压协调控制策略时机组端电压分布

图 8.10 为使用了不同无功-电压控制策略的机组端电压分布。其中，图 8.10(a)为部署本书所提方法下的电压分布，机组端电压被控制在[0.9984p.u.，1.0034p.u.]

范围内，平均端电压为 1.0001p.u.。相比于无控制情况下，电压偏差最大降低了 0.0389p.u.，对电压偏差的控制效果显著。图 8.10(b) 为部署了传统方法后的电压分布，机组端电压控制在[0.9986p.u.，1.0012p.u.]范围内，平均端电压为 0.999p.u.，最大电压偏差为 0.0014p.u.。可见，两种方法对于电压控制效果较为接近，均能有效地将机组端电压控制在给定值 1p.u.左右。

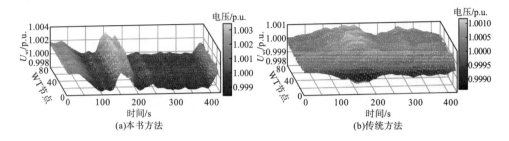

图 8.10 不同无功-电压控制策略下风电场分布

图 8.11 所示为不同无功-电压协调控制策略下 PCC 电压分布。在无控制情况下 PCC 电压随风速变化较为明显，在使用了无功-电压协调控制策略后，PCC 电压控制在[0.9985p.u.，1.0123p.u.]范围内，平均电压偏差从无控制的 0.019p.u.降低到 0.005p.u.，且本书方法与传统方法对 PCC 的控制效果较为接近。需要注意的是，由于机组输出无功对自身的电压灵敏度高于 PCC，仅利用机组本身无功能力的电压控制策略对 PCC 电压偏差的控制效果低于对机组端电压控制效果。

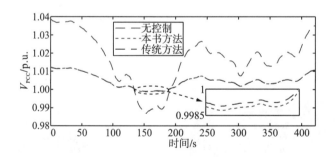

图 8.11 不同无功-电压控制策略下 PCC 电压分布

图 8.12 所示为不同无功-电压控制方法下机组无功指令分布。图 8.12(a) 为本书所提方法的机组无功给定分布，可见当机组电压 V_{wt}>1p.u.时，机组无功给定值 $Q_{wt,ref}$<0，有效降低机组电压；而当 V_{wt}<1p.u.时，机组无功给定值 $Q_{wt,ref}$>0，旨在抬升机组电压，使机组电压尽可能接近额定值。机组的无功输出范围为 [−0.4662Mvar，0.2665Mvar]，无功输出随着有功功率变化较为规律，无功输出的

绝对平均值为 0.2040MVar。图 8.12(b)为传统方法下的机组无功指令分布，为最大限度降低电压偏差，每条馈线上的机组输出无功指令较大，机组的无功输出范围为[-1.56Mvar，1.56Mvar]。该传统方法下，部分机组长时间处于无功极限状态，无功输出的绝对平均值为 1.3718 MVar，输出无功远大于本书所提方法，但是取得的电压控制效果与本书所提方法较为接近，且较大的无功输出会加剧变流器功率器件的热载荷。

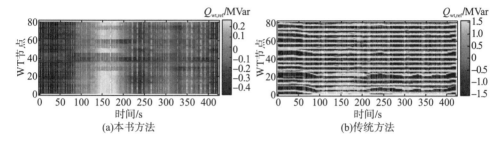

(a)本书方法　　　　　　　　　　　(b)传统方法

图 8.12　不同无功-电压控制方法下机组无功指令分布

　　本书中以变流器功率器件中 IGBT 的平均结温分布为例，对比不同无功-电压控制策略对变流器热载荷的影响，如图 8.13 所示。图 8.13(a)为未部署电压控制策略的情况，IGBT 的平均结温主要由输出有功功率决定，其变化趋势与输出有功变化趋势一致，IGBT 的最大平均结温为 136℃，平均值为 86.83℃。部署了电压控制策略后，机组的输出无功增加，图 8.13(b)为本书所提方法下 IGBT 平均结温分布，IGBT 平均结温最大值为 136.4℃，平均值为 87.05℃，平均结温最大被抬升了 1.75℃左右，对变流器的热载荷影响较小。图 8.13(c)所示为传统无功-电压控制策略下的 IGBT 平均结温分布，由于输出无功波动较大，相比于本书所提方法 IGBT 平均结温被大幅度抬升，平均值达到 94.12℃，平均结温最大升高了 15.1℃，对变流器热载荷影响显著。由此可见，本书所设计的策略函数将结温指标直接纳入优化目标，相比于传统方法，可以进一步约束无功动作，达到相同电压控制效果的同时，平均结温最大降低了 13.35℃，进一步降低电压控制对变流器热载荷的影响，验证了本书所提方法的有效性。

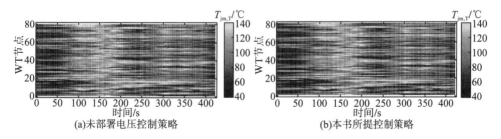

(a)未部署电压控制策略　　　　　　　(b)本书所提控制策略

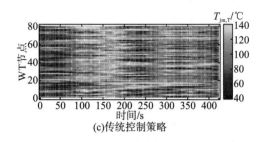

(c)传统控制策略

图 8.13　不同无功-电压控制策略下变流器 IGBT 平均结温分布

考虑到篇幅限制,本书仅以 IGBT 的平均结温为例进行了分析。由图 8.5 可知,输出功率对 FWD 和 IGBT 的影响趋势较为一致,区别主要在于温度数值不同。因此,本节中对 FWD 的平均结温分布以及结温波动分布不再进行图形化显示和描述,在后文中仅进行了数据统计对比。

不同控制方法下系统损耗分布如图 8.14 所示。无控制情况下系统平均损耗为 1.2914MW,使用了电压控制方法后,平均损耗分别为 1.3231MW(本书所提方法)和 1.336MW(传统方法),可见在整个测试周期内,不同电压控制策略下的系统损耗较为接近。当系统电压高于 1p.u.时,电压控制降低系统电压偏差的同时增加了系统损耗;而在系统电压低于 1p.u.时,电压控制抬升系统电压的同时降低了系统损耗。整体上,两种控制方法均考虑了系统损耗,因此在降低电压偏差的同时对系统损耗影响较小。

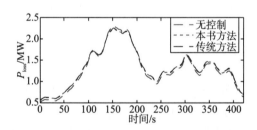

图 8.14　不同无功-电压控制策略下系统损耗对比

综上所述,本书所提方法在传统模型的基础上考虑变流器热载荷指标,进一步约束无功动作,算例验证本书所提方法在取得与传统方法电压偏差和损耗相同控制效果的同时,减弱了对功率器件结温的影响,实现了电压偏差、系统损耗和功率器件可靠性之间的平衡,各项关键指标详细对比如表 8.3 所示。

表 8.3 不同无功-电压控制策略下关键指标对比

控制策略	机组电压/p.u.		PCC 电压/p.u.		平均损耗/MW	(IGBT，FWD)温度/℃	
	平均电压	最大偏差	平均电压	最大偏差		平均结温	最大温升
无控制	1.0177	0.0423	1.0149	0.0386	1.2914	(86.83，75.15)	—
传统方法	0.999	0.0014	1.0174	0.0123	1.336	(94.12，81.75)	(15.1，13.8)
本书方法	1.0002	0.0034	1.0049	0.0123	1.3231	(87.05，75.36)	(1.75，1.6)

2. 动态测试

进一步考虑通信延时、求解耗时及外部电网阻抗变化工况对电压控制策略进行验证，并与传统方法进行比较，如下所示。

(1) 方法 1：无控制。

(2) 方法 2：优化目标与本书相同，采用粒子群算法进行求解，单次求解耗时 8s，集中通信延时 2s。

(3) 方法 3：优化目标与本书相同，采用集中式 DDPG 算法求解，模型响应时间为微秒至毫秒级，可忽略不计，集中通信延时为 2s。

(4) 方法 4：本书所提方法，模型响应时间为微秒至毫秒级，可忽略不计，分布式通信延迟为 0.5s。

(5) 方法 5：优化目标和求解方法与本书相同，但优化模型以固定外部电网场景建立，即模型未考虑电网阻抗变化。

设置风速变化与静态工况测试相同，电网阻抗在 120s 从 L_g=0.11H 变为 L_g=0.16H，前文中已经验证了所提方法对各项关键指标的控制效果，因此后文仅以 PCC 电压为例分析系统的动态响应效果。

不同控制方法下 PCC 电压动态变化趋势如图 8.15 所示。不使用电压控制策略情况下，PCC 电压在[0.948p.u.，1.047p.u.]范围内，与额定电压最大偏差达到 0.052p.u.，越限风险较高。在 50s 时，使用电压控制策略后电压偏差得到有效控制，方法 2 采用传统种群算法求解，求解耗时和集中通信延时较长。根据当前采样时刻获取的风电场状态求解出的最优结果，不能完全适用于风速或电网阻抗发生变化后的场景，因此电压控制效果较为一般，PCC 电压控制在[0.9747p.u.，1.0021p.u.]范围内，最大电压偏差为 0.0253p.u.，相比于无控制电压偏差降低了 50%。集中式 DDPG 方法(方法 3)能够进一步缩短模型的求解时间，响应时间几乎可以忽略不计，主要受到集中式通信延迟的影响，相比于传统种群算法(方法 2)，能够达到更好的 PCC 电压控制效果，电压变化范围为[0.9909p.u.，1.0124p.u.]，效果更优。多智能体深度强化学习(本书方法)进一步降低风电场的通信延时，相比于传统方法，能够快速响应风电场时变状态下的最优电压控制策略，电压控制在[0.9961p.u.，1.0114p.u.]范围内，平均电压偏差为 0.0034p.u.，对比方法 2

和方法 3，平均电压偏差控制效果分别提升了 50%和 8%；对比方法 5 基于固定电网阻抗场景建立，当电网阻抗发生变化后对电压偏差的控制效果较为一般，平均电压偏差为 0.0101p.u.大于传统种群算法优化的结果，证实了在无功-电压控制策略制定时考虑电网阻抗变化的重要性。上述方法的各项指标统计对比如表 8.4 所示。

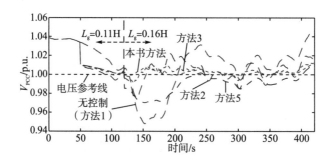

图 8.15　不同控制方法下 PCC 电压动态变化曲线

表 8.4　不同控制方法下 PCC 电压指标对比　　　　　（单位：标幺值 p.u.）

控制方法	最大值	最小值	平均偏差	最大偏差
方法 1：无控制	1.047	0.948	0.0231	0.052
方法 2	1.0221	0.9747	0.008	0.0253
方法 3	1.0124	0.9909	0.0042	0.0124
方法 5	1.0102	0.9702	0.0101	0.0298
方法 4：本书方法	1.0114	0.9961	0.0034	0.0114

8.5　本　章　小　结

针对现有风电场无功-电压协调控制方法仅以电压偏差、损耗等指标为目标，未考虑无功输出对变流器功率器件热载荷的影响，并且难以解决强化学习与真实物理系统交互所导致的安全性问题，本章提出考虑电压偏差指标、功率器件结温指标及损耗指标的多目标无功-电压协调控制策略，以实现控制策略的映射。主要结论如下：

(1)基于无功-电压灵敏度和 K-均值聚类的风电场对风电场进行分群，能充分考虑到不同馈线机组对 PCC 电压的贡献程度，通过分析不同 K-均值聚类指标的轮廓系数，确定最优分群个数为 4。

(2) 机组输出无功对系统损耗和功率器件结温影响显著，尤其是在低风速下无功输出对热载荷影响更加显著，但在低风速下变流器拥有更多的无功调节容量，因此有必要在电压控制策略中考虑功率器件结温指标。

(3) 所提无功-电压协调控制策略能够进一步约束无功动作，取得与传统方法相同的电压偏差及系统损耗控制效果，同时大幅度降低功率器件的热载荷，最大降低 IGBT 平均结温 13.35℃，对变流器的可靠性提升显著。

参 考 文 献

[1] 周思刚. 我国风力发电产业的发展综述[J]. 电力系统装备, 2004(12): 20-23.

[2] Spinato F, Tavner P J, van Bussel G J W, et al. Reliability of wind turbine subassemblies[J]. IET Renewable Power Generation, 2009, 3(4): 387-401.

[3] 汤广福, 刘文华. 提高电网可靠性的大功率电力电子技术基础理论[M]. 北京: 清华大学出版社, 2010.

[4] 李辉, 胡姚刚, 唐显虎, 等. 并网风电机组在线运行状态评估方法[J]. 中国电机工程学报, 2010, 30(33): 103-109.

[5] Chen Z, Guerrero J M, Blaabjerg F. A review of the state of the art of power electronics for wind turbines[J]. IEEE Transactions on Power Electronics, 2009, 24(8): 1859-1875.

[6] Ma K, Liserre M, Blaabjerg F. Reactive power influence on the thermal cycling of multi-MW wind power inverter[C]//2012 Twenty-Seventh Annual IEEE Applied Power Electronics Conference and Exposition (APEC). Orlando: IEEE. 2012: 262-269.

[7] Yang S Y, Bryant A, Mawby P, et al. An industry-based survey of reliability in power electronic converters. IEEE Transactions on Industry Applications, 2011, 47(3): 1441-1451.

[8] 何湘宁, 石巍, 李武华, 等. 基于大数据的大容量电力电子系统可靠性研究[J]. 中国电机工程学报, 2017, 37(1): 209-221.

[9] 李辉, 刘盛权, 冉立, 等. 大功率并网风电机组变流器状态监测技术综述[J]. 电工技术学报, 2016, 31(8): 1-10.

[10] 李辉, 胡姚刚, 李洋, 等. 大功率并网风电机组状态监测与故障诊断研究综述[J]. 电力自动化设备, 2016, 36(1): 6-16.

[11] Hahn B, Durstewitz M, Rohrig K. Reliability of wind turbines[M]. Heidelberg: Springer Berlin Heidelberg, 2007.

[12] Yang Z M, Chai Y. A survey of fault diagnosis for onshore grid-connected converter in wind energy conversion systems[J]. Renewable and Sustainable Energy Reviews, 2016, 66: 345-359.

[13] Huang H, Mawby P A. A lifetime estimation technique for voltage source inverters[J]. IEEE Transactions on Power Electronics, 2013, 28(8): 4113-4119.

[14] 段贵钟, 秦文萍, 雷达, 等. 计及运行环境影响的风力机可靠性建模[J]. 太阳能学报, 2020, 41(5): 150-158.

[15] 李武华, 陈玉香, 罗皓泽, 等. 大容量电力电子器件结温提取原理综述及展望[J]. 中国电机工程学报, 2016, 36(13): 3546-3557.

[16] Due J, Munk-Nielsen S, Nielsen R. Lifetime investigation of high power IGBT modules[C]//Proceedings of the 2011 14th European Conference on Power Electronics and Applications. Birmingham, UK: IEEE. 2011: 1-8.

[17] Jones R, Waite P. Optimised power converter for multi-MW direct drive permanent magnet wind turbines[C]//Proceedings of the 2011 14th European Conference on Power Electronics and Applications. Birmingham, UK: IEEE. 2011: 1-10.

[18] 贺益康, 胡家兵. 双馈异步风力发电机并网运行中的几个热点问题[J]. 中国电机工程学报, 2012, 32(27): 1-15.

[19] Ma K, Blaabjerg F, Liserre M. Thermal analysis of multilevel grid-side converters for 10-MW wind turbines under low-voltage ride through[J]. IEEE Transactions on Industry Applications, 2013, 49(2): 909-921.

[20] Ma K, Liserre M, Blaabjerg F. Reactive power influence on the thermal cycling of multi-MW wind power inverter[J]. IEEE Transactions on Industry Applications, 2013, 49(2): 922-930.

[21] Zhou D, Blaabjerg F. Dynamic thermal analysis of DFIG rotor-side converter during balanced grid fault[C]//2014 IEEE Energy Conversion Congress and Exposition (ECCE). PA, USA: IEEE. 2014: 3097-3103.

[22] 刘慧, 马柯. 模块化多电平变流器(MMC)在电网故障下功率器件应力分析[J]. 电源学报, 2016, 14(6): 1-9.

[23] Yang S Y, Xiang D W, Bryant A, et al. Condition monitoring for device reliability in power electronic converters: A review[J]. IEEE Transactions on Power Electronics, 2010, 25(11): 2734-2752.

[24] Ji B, Song X G, Cao W P, et al. In situ diagnostics and prognostics of solder fatigue in IGBT modules for electric vehicle drives[J]. IEEE Transactions on Power Electronics, 2015, 30(3): 1535-1543.

[25] Dupont L, Avenas Y, Jeannin P O. Comparison of junction temperature evaluations in a power IGBT module using an IR camera and three thermosensitive electrical parameters[J]. IEEE Transactions on Industry Applications, 2013, 49(4): 1599-1608.

[26] Li K J, Tian G Y, Cheng L, et al. State detection of bond wires in IGBT modules using eddy current pulsed thermography[J]. IEEE Transactions on Power Electronics, 2014, 29(9): 5000-5009.

[27] Avenas Y, Dupont L, Khatir Z. Temperature measurement of power semiconductor devices by thermo-sensitive electrical parameters: A review[J]. IEEE Transactions on Power Electronics, 2012, 27(6): 3081-3092.

[28] Kuhn H, Mertens A. On-line junction temperature measurement of IGBTs based on temperature sensitive electrical parameters[C]//2009 13th European Conference on Power Electronics and Applications. Barcelona, Spain: IEEE. 2009: 1-10.

[29] Butron Ccoa J A, Strauss B, Mitic G, et al. Investigation of temperature sensitive electrical parameters for power semiconductors (IGBT) in real-time applications[C]//PCIM Europe 2014; International Exhibition and Conference for Power Electronics, Intelligent Motion, Renewable Energy and Energy Management. Nuremberg, Germany: VDE. 2014: 1-9.

[30] Khatir Z, Dupont L, Ibrahim A. Investigations on junction temperature estimation based on junction voltage measurements[J]. Microelectronics Reliability, 2010, 50(9-11): 1506-1510.

[31] Kim Y S, Sul S K. On-line estimation of IGBT junction temperature using on-state voltage drop[C]//Conference Record of 1998 IEEE Industry Applications Conference. MO, USA: IEEE. 1998: 853-859.

[32] Dupont L, Avenas Y. Preliminary evaluation of thermo-sensitive electrical parameters based on the forward voltage for online chip temperature measurements of IGBT devices[J]. IEEE Transactions on Industry Applications, 2015, 51(6): 4688-4698.

[33] Xu Z X, Xu F, Wang F. Junction temperature measurement of IGBTs using short-circuit current as a temperature-sensitive electrical parameter for converter prototype evaluation[J]. IEEE Transactions on Industrial Electronics, 2015, 62(6): 3419-3429.

[34] 孙鹏飞, 罗皓泽, 董玉斐, 等. 基于关断延迟时间的大功率 IGBT 模块结温提取方法研究[J]. 中国电机工程学报, 2015, 35(13): 3366-3372.

[35] Vemulapati U R, Bianda E, Torresin D, et al. A method to extract the accurate junction temperature of an IGCT during conduction using gate–cathode voltage[J]. IEEE Transactions on Power Electronics, 2016, 31(8): 5900-5905.

[36] Baker N, Munk-Nielsen S, Liserre M, et al. Online junction temperature measurement via internal gate resistance during turn-on[C]//2014 16th European Conference on Power Electronics and Applications. Lappeenranta, Finland: IEEE. 2014: 1-10.

[37] 李辉, 胡姚刚, 刘盛权, 等. 计及焊层疲劳影响的风电变流器 IGBT 模块热分析及改进热网络模型[J]. 电工技术学报, 2017, 32(13): 80-87.

[38] Li H, Hu Y G, Liu S Q, et al. An improved thermal network model of the IGBT module for wind power converters considering the effects of base-plate solder fatigue[J]. IEEE Transactions on Device and Materials Reliability, 2016, 16(4): 570-575.

[39] 李辉, 刘盛权, 李洋, 等. 考虑多热源耦合的风电变流器 IGBT 模块结温评估模型[J]. 电力自动化设备, 2016, 36(2): 51-56.

[40] Li H, Liao X L, Zeng Z, et al. Thermal coupling analysis in a multichip paralleled IGBT module for a DFIG wind turbine power converter[J]. IEEE Transactions on Energy Conversion, 2017, 32(1): 80-90.

[41] Wu R, Wang H, Pedersen K B, et al. A temperature-dependent thermal model of IGBT modules suitable for circuit-level simulations[J]. IEEE Transactions on Industry Applications, 2016, 52(4): 3306-3314.

[42] Ma K, He N, Liserre M, et al. Frequency-domain thermal modeling and characterization of power semiconductor devices[J]. IEEE Transactions on Power Electronics, 2016, 31(10): 7183-7193.

[43] Ma K, Bahman A S, Beczkowski S, et al. Complete loss and thermal model of power semiconductors including device rating information[J]. IEEE Transactions on Power Electronics, 2015, 30(5): 2556-2569.

[44] Bahman A S, Ma K, Blaabjerg F. A lumped thermal model including thermal coupling and thermal boundary conditions for high-power IGBT modules[J]. IEEE Transactions on Power Electronics, 2018, 33(3): 2518-2530.

[45] 吴军科, 周雒维, 杜雄, 等. 非平稳工况下风电变流器的热载荷分析[J]. 电力电子技术, 2015, 49(4): 67-70.

[46] Luo H Z, Wang X, Zhu C C, et al. Investigation and emulation of junction temperature for high-power IGBT modules considering grid codes[J]. IEEE Journal of Emerging and Selected Topics in Power Electronics, 2018, 6(2): 930-940.

[47] 李辉, 秦星, 刘盛权, 等. 双馈风电变流器 IGBT 模块功率循环能力评估[J]. 电力自动化设备, 2015, 35(1): 6-12.

[48] 姚芳, 胡洋, 李铮, 等. 基于结温监测的风电 IGBT 热安全性和寿命耗损研究[J]. 电工技术学报, 2018, 33(9): 2024-2033.

[49] 杜雄, 李高显, 吴军科, 等. 一种用于风电变流器可靠性评估的结温数值计算方法[J]. 中国电机工程学报, 2015, 35(11): 2813-2821.

[50] 杨珍贵, 周雒维, 杜雄, 等. 基于器件的结温变化评估风机中参数差异对网侧变流器可靠性的影响[J]. 中国电机工程学报, 2013, 33(30): 41-49.

[51] 季海婷, 李辉, 吴建梅, 等. 考虑不同时间尺度的风电变流器功率模块可靠性评估模型[J]. 电测与仪表, 2016, 53(21): 28-34.

[52] 杜雄, 李高显, 刘洪纪, 等. 风速概率分布对风电变流器中功率器件寿命的影响[J]. 电工技术学报, 2015, 30(15): 109-117.

[53] Xie K G, Jiang Z F, Li W Y. Effect of wind speed on wind turbine power converter reliability[J]. IEEE Transactions on Energy Conversion, 2012, 27(1): 96-104.

[54] 杨珍贵, 周雏维, 杜雄, 等. 风速记录差异对评估风电变流器可靠性的影响[J]. 电网技术, 2013, 37(9): 2566-2572.

[55] 张军, 杜雄, 孙鹏菊, 等. 气温波动对风电变流器中功率器件寿命消耗的影响[J]. 电源学报, 2016, 14(6): 80-86.

[56] 李辉, 季海婷, 秦星, 等. 考虑运行功率变化影响的风电变流器可靠性评估[J]. 电力自动化设备, 2015, 35(5): 1-8.

[57] 杜雄, 李高显, 孙鹏菊, 等. 考虑基频结温波动的风电变流器可靠性评估[J]. 电工技术学报, 2015, 30(10): 258-265.

[58] Zhang G, Zhou D, Yang J, et al. Fundamental-frequency and load-varying thermal cycles effects on lifetime estimation of DFIG power converter[J]. Microelectronics Reliability, 2017, 76: 549-555.

[59] 李辉, 白鹏飞, 李洋, 等. 抑制 IGBT 器件结温的双馈风电变流器分段 DSVPWM 策略[J]. 电力自动化设备, 2017, 37(2): 37-43.

[60] 杜雄, 李高显, 李腾飞, 等. 一种用于提高风电变流器中功率器件寿命的混合空间矢量调制方法[J]. 中国电机工程学报, 2015, 35(19): 5003-5012.

[61] Vernica I, Ma K, Blaabjerg F. Optimal derating strategy of power electronics converter for maximum wind energy production with lifetime information of power devices[J]. IEEE Journal of Emerging and Selected Topics in Power Electronics, 2018, 6(1): 267-276.

[62] Zhou D, Blaabjerg F, Lau M, et al. Optimized reactive power flow of DFIG power converters for better reliability performance considering grid codes[J]. IEEE Transactions on Industrial Electronics, 2015, 62(3): 1552-1562.

[63] Alhmoud L. Reliability improvement for a high-power IGBT in wind energy applications[J]. IEEE Transactions on Industrial Electronics, 2018, 65(9): 7129-7137.

[64] Wu J K, Zhou L W, Sun P J, et al. Smooth control of insulated gate bipolar transistors junction temperature in a small-scale wind power converter[J]. IET Power Electronics, 2016, 9(3): 393-400.

[65] Lei T, Barnes M, Smith S, et al. Using improved power electronics modeling and turbine control to improve wind turbine reliability[J]. IEEE Transactions on Energy Conversion, 2015, 30(3): 1043-1051.

[66] 李辉, 李洋, 廖兴林, 等. 基于转速控制的双馈风电机组机侧变流器 IGBT 器件结温波动抑制策略[J]. 电工技术学报, 2017, 32(12): 97-107.

[67] Tan Y J, Muttaqi K M, Meegahapola L, et al. Deadband control of doubly-fed induction generator around synchronous speed[J]. IEEE Transactions on Energy Conversion, 2016, 31(4): 1610-1621.

[68] Xiang D W, Wang C D, Liu Y K. Switching frequency dynamic control for DFIG wind turbine performance improvement around synchronous speed[J]. IEEE Transactions on Power Electronics, 2017, 32(9): 7271-7283.

[69] Bartram M, von Bloh J, De Doncker R W. Doubly-fed-machines in wind-turbine systems: Is this application limiting the lifetime of IGBT-frequency-converters? [C]//2004 IEEE 35th Annual Power Electronics Specialists Conference. Aachen, Germany：IEEE. 2004.

[70] Wei L X, Kerkman R J, Lukaszewski R A, et al. Analysis of IGBT power cycling capabilities used in doubly fed induction generator wind power system[J]. IEEE Transactions on Industry Applications, 2011, 47(4): 1794-1801.

[71] Wang J J, Chung H S, Li R T. Characterization and experimental assessment of the effects of parasitic elements on the MOSFET switching performance[J]. IEEE Transactions on Power Electronics, 2013, 28(1): 573-590.

[72] Tian B, Qiao W, Wang Z, et al. Monitoring IGBT's health condition via junction temperature variations[C]//2014 IEEE Applied Power Electronics Conference and Exposition-APEC. TX, USA: IEEE. 2014.

[73] 徐维新, 王宏利, 高立志, 等. 电子设备可靠性热设计指南[M]. 北京: 电子工业出版社, 1995.

[74] 戴锅生. 传热学[M]. 2 版. 北京: 高等教育出版社, 1999.

[75] Wei L X, Lukaszewski R A, Lipo T A. Analysis of power cycling capability of IGBT modules in a conventional matrix converter[C]// 2008 IEEE Industry Applications Society Annual Meeting. AB, Canada: IEEE. 2008.

[76] 景巍, 谭国俊, 叶宗彬. 大功率三电平变频器损耗计算及散热分析[J]. 电工技术学报, 2011, 26(2): 134-140.

[77] Scheuermann U. Aufbau- und verbindungstechnik in der leistungselektronik[M]//Leistungselektronische Bauelemente. Berlin, Heidelberg: Springer Berlin Heidelberg, 2008.

[78] 吴军科, 周雒维, 孙鹏菊, 等. 功率变流器中 IGBT 模块的结温管理策略研究[C]//第七届中国高校电力电子与电力传动学术年会论文集. 上海, 2013: 487-493.

[79] Khatir Z, Carubelli S, Lecoq F. Real-time computation of thermal constraints in multichip power electronic devices[J]. IEEE Transactions on Components and Packaging Technologies, 2004, 27(2): 337-344.

[80] Coquery G, Lallemand R. Failure criteria for long term Accelerated Power Cycling Test linked to electrical turn off SOA on IGBT module. A 4000 hours test on 1200A–3300V module with AlSiC base plate[J]. Microelectronics reliability, 2000, 40(8-10): 1665-1670.

[81] Ju Y S, Goodson K E. Thermal mapping of interconnects subjected to brief electrical stresses[J]. IEEE Electron Device Letters, 1997, 18(11): 512-514.

[82] Poller T, D'Arco S, Hernes M, et al. Influence of thermal cross-couplings on power cycling lifetime of IGBT power modules[C]//2012 7th International Conference on Integrated Power Electronics Systems (CIPS). Nuremberg, Germany: IEEE. 2012.

[83] Wei L X, Kerkman R J, Lukaszewski R A, et al. Junction temperature prediction of a multiple-chip IGBT module under DC condition[C]//Conference Record of the 2006 IEEE, Industry Applications Conference Forty-First IAS Annual Meeting. FL, USA: IEEE. 2006.

[84] 安少亮, 孙向东, 陈樱娟, 等. 一种新的不连续 PWM 统一化实现方法[J]. 中国电机工程学报, 2012, 32(24): 59-66.

[85] 于飞, 张晓锋, 王素华, 等. 空间矢量 PWM 的比较分析[J]. 武汉理工大学学报(交通科学与工程版), 2006, 30(1): 52-55.

[86] 张桂斌, 徐政. 最小开关损耗 VSVPWM 技术的研究与仿真[J]. 电工技术学报, 2001, 16(2): 34-40.

[87] 李峰. 矢量控制系统中优化 PWM 控制策略的研究[D]. 天津: 天津大学, 2004.

[88] Holmes D G, Lipo T A. 电力电子变换器 PWM 技术原理与实践[M]. 周克亮, 译. 北京: 人民邮电出版社, 2010.

[89] 贺益康, 胡家兵, 徐烈. 并网双馈异步风力发电机运行控制[M]. 北京: 中国电力出版社, 2012.

[90] 栗然, 唐凡, 刘英培, 等. 双馈风电场新型无功补偿与电压控制方案[J]. 中国电机工程学报, 2012, 32(19): 16-23.

[91] Ma K, Liserre M, Blaabjerg F. Comparison of multi-MW converters considering the determining factors in wind power application[C]//2013 IEEE Energy Conversion Congress and Exposition. CO, USA: IEEE. 2013.

[92] Blaabjerg F, Ma K, Zhou D. Power electronics and reliability in renewable energy systems[C]//2012 IEEE International Symposium on Industrial Electronics. Hangzhou, China: IEEE. 2012.

[93] IEC Central Office. Semi conductor devices-Discrete devices-Part 9: Insulated-gate bipolar transistors(IGBTs): IEC 60747-9: 2007 EN-FR[S]. Geneva, Switzerland: 2007.

[94] Holmes D G, Lipo T A. Pulse Width Modulation for Power Converters: Principles and Practice[M]. New York: IEEE Press and John Wiley & Sons, 2003.

[95] Bruns M, Rabelo B, Hofmann W. Investigation of doubly-fed induction generator drives behaviour at synchronous operating point in wind turbines[C]//2009 13th European Conference on Power Electronics and Applications. Barcelona, Spain: IEEE. 2009.

[96] 秦星. 风电变流器 IGBT 模块结温计算及功率循环能力评估[D]. 重庆: 重庆大学, 2014.

[97] Musallam M, Johnson C M. Impact of different control schemes on the life consumption of power electronic modules for variable speed wind turbines[C]//Proceedings of the 2011 14th European Conference on Power Electronics and Applications. Birmingham, UK: IEEE. 2011.

附　　录

附录 A　三相变流器参数

　　某厂商提供的未塑封三相变流器器件(GD50FFL120C5SP)主要参数如下：

　　Foster 热网络参数：IGBT_R_1～IGBT_R_4 分别为 0.0204K/W、0.1121K/W、0.1088K/W、0.0987K/W，IGBT_τ_1～IGBT_τ_4 分别为 0.01s、0.02s、0.05s、0.10s，Diode_R_1～Diode_R_4 分别为 0.0399K/W、0.2194K/W、0.2127K/W、0.1930K/W，Diode_τ_1～Diode_τ_4 分别为 0.01s、0.02s、0.05s、0.1s。

附表 A.1　IGBT 损耗参数表

结温/℃	电压/V	开通损耗/mJ									
		10A	20A	30A	40A	50A	60A	70A	80A	90A	100A
25	600	1.585	2.818	4.051	5.284	6.605	8.370	10.310	12.680	15.680	18.850
	1000	2.642	4.696	6.752	8.803	11.010	13.950	17.170	21.140	26.130	31.410
150	600	2.195	3.902	5.610	7.317	9.146	11.590	14.270	17.560	21.710	26.10
	1000	3.658	6.503	9.350	12.19	15.240	19.320	23.780	29.270	36.180	43.50

结温/℃	电压/V	关断损耗/mJ									
		10A	20A	30A	40A	50A	60A	70A	80A	90A	100A
25	600	1.220	1.695	2.237	2.780	3.254	3.796	4.407	4.949	5.491	6.023
	1000	2.034	2.825	3.729	4.633	5.424	6.327	7.344	8.250	9.151	10.050
150	600	2.195	3.049	4.024	5.000	5.854	6.829	7.927	8.902	9.878	10.850
	1000	3.658	5.082	6.707	8.333	9.757	11.380	13.210	14.840	16.460	18.080

结温/℃	导通损耗(V_{ce}-I_c 曲线)/V										
	0A	10A	20A	30A	40A	50A	60A	70A	80A	90A	100A
25	0.700	1.117	1.333	1.533	1.683	1.850	2.000	2.133	2.267	2.400	2.533
150	0.450	1.033	1.333	1.617	1.883	2.100	2.300	2.467	2.650	2.817	2.983

附表 A.2   FWD 损耗参数表

结温/℃	电压/V	关断损耗/mJ									
		10A	20A	30A	40A	50A	60A	70A	80A	90A	100A
25	−1000	0.9535	2.091	2.909	3.497	3.982	4.314	4.569	4.774	4.940	5.088
	−600	0.5721	1.255	1.745	2.098	2.389	2.589	2.741	2.865	2.963	3.052
150	−1000	2.185	4.793	6.667	8.031	9.125	9.887	10.470	10.940	11.320	11.660
	−600	1.311	2.876	4.000	4.808	5.475	5.932	6.282	6.565	6.791	6.994

结温/℃	导通损耗(V_{ce}-I_c 曲线)/V										
	0A	10A	20A	30A	40A	50A	60A	70A	80A	90A	100A
25	0.7167	1.217	1.433	1.577	1.700	1.783	1.883	1.950	2.033	2.090	2.150
150	0.500	1.033	1.323	1.533	1.707	1.857	1.977	2.100	2.207	2.320	2.437

附录 B   2MW 双馈风电机组的主要仿真参数

2MW 双馈风电机组主要参数：额定容量为 2MW；额定电压为 690V；极对数为 2；同步风速、额定风速分别为 10.6m/s、11.6m/s；定子电阻 0.022Ω；定子漏感 0.12 mH；转子电阻 0.0018Ω；转子漏感 0.05mH；激磁电感 2.9mH；电网频率 50Hz；转子电流限值为 2648.1A；

附表 B.1   DFIG 主要参数表

机组参数	参数值	机组参数	参数值
额定电压 U_g/V	690	额定有功 P_0/MW	2
定子电阻 R_s/Ω	0.022	额定无功 Q_0/MW	0
转子电阻 R_r/Ω	0.0018	直流母线电压 V_{DC}/V	950
定子漏感 L_{ls}/mH	0.12	直流母线电容 C/mF	53
转子漏感 L_{lr}/mH	0.05	工频 f_0/Hz	50
互感 L_m/mH	2.9	开关频率 f_s/kHz	5

附录 C   风电变流器 IGBT 器件主要参数

IGBT 器件（ABB/5SNA1600N170100）主要参数如下。

直流母线电压 950V；T_a 为 25℃；开关频率为 5000Hz。IGBT 器件 Foster 热网络参数：IGBT_R_1、IGBT_R_2、IGBT_R_3、IGBT_R_4 分别为 7.59K/kW、1.8K/kW、

0.743K/kW、0.369K/kW；IGBT_τ_1、IGBT_τ_2、IGBT_τ_3、IGBT_τ_4 分别为 202ms、20.3ms、2.01ms、0.52ms；FWD_R_1、FWD_R_2、FWD_R_3、FWD_R_4 分别为 12.6K/kW、2.89K/kW、1.3K/kW、1.26K/kW；FWD_τ_1、FWD_τ_2、FWD_τ_3、FWD_τ_4 分别为 210ms、29.6ms、7.01ms、1.49ms；IGBT_$R_{th(c-h)}$、FWD_$R_{th(c-h)}$ 分别为 12K/kW、24K/kW；$R_{th(h-a)}$ 为 10K/kW。

附表 C.1　功率器件热参数表

热阻抗	Z_{jc}				Z_{ch}	Z_{ha}
	1	2	3	4		
R_{IGBT}/(K/W)	0.001	0.001	0.003	0.006	0.012	0.005
τ_{IGBT}/(J/K)	0.83	2.32	6.40	24.36	—	—
R_{FWD}/(K/W)	0.002	0.003	0.005	0.007	0.024	0.005
τ_{FWD}/(J/K)	8.84	3.00	5.79	15.42	—	—

附表 C.2　IGBT 损耗参数表

结温/℃	电压/V	开通损耗/J					
		500A	1000A	1500A	2000A	2500A	3000A
25	900	0.123	0.232	0.355	0.479	0.644	0.896
	1500	0.205	0.387	0.592	0.798	1.073	1.493
125	900	0.177	0.333	0.511	0.688	0.925	1.288
	1500	0.295	0.556	0.851	1.147	1.542	2.147

结温/℃	电压/V	关断损耗/J					
		500A	1000A	1500A	2000A	2500A	3000A
25	900	0.172	0.298	0.433	0.568	0.738	0.960
	1500	0.287	0.497	0.722	0.947	1.230	1.601
125	900	0.224	0.388	0.564	0.740	0.961	1.250
	1500	0.374	0.647	0.940	1.233	1.601	2.084

结温/℃	导通损耗(V_{ce}-I_c 曲线)/V							
	100A	200A	500A	1000A	1500A	2000A	2500A	3000A
25	1.006	1.194	1.476	1.851	2.174	2.497	2.807	3.117
125	0.881	1.106	1.522	2.035	2.479	2.923	3.372	3.82

附表 C.3   FWD 损耗参数表

结温/℃	电压/V	关断损耗/J					
		500A	1000A	1500A	2000A	2500A	3000A
25	−1500	0.228	0.346	0.447	0.521	0.579	0.619
	−900	0.137	0.208	0.268	0.313	0.347	0.371
125	−1500	0.406	0.616	0.795	0.928	1.03	1.102
	−900	0.244	0.37	0.477	0.557	0.618	0.661

结温/℃	导通损耗(V_{ce}-I_c 曲线)/V							
	100A	200A	500A	1000A	1500A	2000A	2500A	3000A
25	0.672	1.102	1.279	1.465	1.617	1.768	1.918	2.069
125	0.524	0.878	1.13	1.408	1.634	1.86	2.058	2.256